KB078001

뚝일카씨의 식물 양육 안내서

식물을
배우는 시간

— 김강호 지음 —

길벗

독일카씨의 식물 양육 안내서

식물을 배우는 시간

초판 발행 · 2023년 3월 10일

지은이 · 김강호(독일카씨)

발행인 · 이종원
발행처 · (주)도서출판 길벗
출판사 등록일 · 1990년 12월 24일
주소 · 서울시 마포구 월드컵로 10길 56(서교동)
대표 전화 · 02)332-0931 | **팩스** · 02)323-0586
홈페이지 · www.gilbut.co.kr | **이메일** · gilbut@gilbut.co.kr

편집팀장 · 민보람 | **기획 및 책임편집** · 백혜성(hsbaek@gilbut.co.kr)
제작 · 이준호, 손일순, 이진혁 | **영업마케팅** · 한준희 | **웹마케팅** · 김선영, 류효정
영업관리 · 김명자 | **독자지원** · 윤정아, 최희창

표지 및 본문 디자인 · 강상희 | **교정교열** · 추지영
포토그래퍼 · 장봉영 | **세트 디자이너** · 정재은 | **포토 어시스턴트** · 김형준
CTP 출력 · 인쇄 · 제본 · 상지사피앤비

ISBN 979-11-407-0333-3 (13520) (길벗 도서번호 020205)

ⓒ 김강호

정가 22,000원

독자의 1초까지 아껴주는 길벗출판사

(주)도서출판 길벗 | IT교육서, IT단행본, 경제경영서, 어학&실용서, 인문교양서, 자녀교육서
www.gilbut.co.kr
길벗스쿨 | 국어학습, 수학학습, 어린이교양, 주니어 어학학습, 학습단행본
www.gilbutschool.co.kr

독자의 1초를 아껴주는 정성!
세상이 아무리 바쁘게 돌아가더라도
책까지 아무렇게나 빨리 만들 수는 없습니다.

인스턴트 식품 같은 책보다는
오래 익힌 술이나 장맛이 밴 책을 만들고 싶습니다.

땀 흘리며 일하는 당신을 위해
한 권 한 권 마음을 다해 만들겠습니다.

마지막 페이지에서 만날 새로운 당신을 위해
더 나은 길을 준비하겠습니다.

독자의 1초를 아껴주는 정성을 만나보십시오.

　2020년 처음 길벗으로부터 식물 도서 출간 제의를 받았을 때가 떠오릅니다. 유튜브를 시작한 지 얼마 되지 않아 구독자가 많지 않던 때라 '대형 출판사에서 왜 나에게?'라는 생각과 의심을 가지고 첫 미팅을 가졌습니다. 지금 생각하면 무슨 용기로 그런 무모한 결정을 내렸던 건지, 무식하면 용감하다는 말이 이런 것이 아닐까 싶습니다.

　글이라곤 학창 시절 독후감 정도와 식물에 대해 블로그에 연재하던 것뿐이었는데, 1년이라는 시간 동안 정말 열심히 책을 썼던 것 같아요. 한 권의 책을 완성한다는 것은 생각보다 어려웠고, 무엇보다 굉장히 오랜 시간이 걸린다는 것을 깨닫고는 아주 살짝 후회하기도 했습니다. 우여곡절 끝에 무사히 세상에 나온 첫 책 《식물이 아프면 찾아오세요》는 많은 분들의 사랑을 받으며 베스트셀러가 되기도 하고 이달의 책으로 선정되기도 하며 얼떨떨한 경험을 선사해주었습니다.

　그 후 1년간 일상으로 돌아가 열심히 살았어요. 본업인 음악 활동을 비롯해 유튜브 채널도 부지런히 운영하며 정신없이 지냈던 것 같습니다. 그러던 중 두 번째 책 제안을 받고 한 치의 망설임 없이 '좋아요!'라고 답해버렸습니다. 첫 책을 쓸

때의 고생과 후회는 금세 잊어버리고 말이죠(웃음). 책이 만들어지는 과정이 얼마나 길고 험난한지 알면서도 고민 없이 'Yes'를 외쳤던 이유는 바로 독자님들 때문이었습니다. 많은 분들이 책을 읽고 연락을 주셨어요. '책을 보고 죽어가던 식물을 살렸어요', '이제 저도 식물을 잘 키울 수 있게 되었어요' 등. 식물에 대한 이해도가 높아지고, 그저 식물을 잘 키우는 데서 끝나는 것이 아니라 힐링과 뿌듯함, 기다림의 미학을 배우게 되었다는 다양한 소식을 듣고 저 또한 벅차오르는 감정을 많이 느꼈습니다. 살면서 쉽게 겪을 수 없는 이런 경험과 감정들을 느낄 수 있게 해준 독자님들을 위해, 또 식물을 키우며 느낄 수 있는 행복을 더 많은 사람들과 나누기 위해 이번 책 ≪식물을 배우는 시간≫을 열심히 만들어보았습니다.

2022년은 제 인생에서 가장 바빴던 한 해였어요. 물론 앞으로 더 바쁜 삶을 살아갈 수도 있겠지만 지금까지 인생에서 가장 정신없이 지나간 1년이었습니다. 그 시간 속에서 얻은 수확이 기대에 미치지 못했다면 정말 아쉬웠겠지만, 다행히 그동안 바라왔던 좋은 결과가 많이 있었어요. 코로나 상황 속에서도 일상이 조금씩 회복되면서 두 번의 연주회를 열었고, 대학에서 피아노 전공 강의도 시작하며 본업이 잘 풀리기 시작했습니다. 그리고 식물과 함께하는 삶 또한 더 크게 자리 잡았습니다. 유튜브 채널 '식물집사 독일카씨'는 구독자 20만 명을 넘었고 이 책을 집필하며 식물에 대한 공부도 그 어느 때보다 더 열심히 했던 것 같아요.

식물을 공부하고 키우면서 단지 식물에 대한 정보뿐 아니라 인생을 살아가는 데 필요한 많은 것을 배우고 스스로 성장하는 것을 느꼈습니다. 식물의 성장을 기다리는 시간 속에서 교육자로서 학생들을 대할 때 필요한 책임감과 끈기를 배웠고, 일상에서 느끼는 조급함을 내려놓을 수 있게 되었어요. 또, 식물이라는 끈으로 연결된 좋은 사람들을 많이 만났고 그들로부터 많은 것을 배웠습니다. 서로에게 도움과 좋은 영향을 줄 수 있는 관계가 얼마나 즐겁고 뿌듯한 것인지도 알게 되었고요. 어떠한 경험을 통해 배우고 느끼는 것은 사람마다 다르겠지만, 여러분도 '식물을 배우는 시간'을 통해 나를 돌보고 성장시키는 경험을 할 수 있으면 좋겠습니다.

독일카씨 김강호

◦ **Contents** ◦

Chapter 2

**독일카씨
식물 연구소**

Chapter 3

**오! 나의 즐거운
식물 생활**

이 책을 보는 방법

《식물을 배우는 시간》을 찾아와 주신 여러분!
이 책을 통해 반려식물을 더 깊이 이해하고 건강하게 돌볼 수 있는
나만의 방법을 발견할 수 있길 바랍니다. '아는 만큼 보인다'는 말처럼
하나하나의 식물에 대해 알아갈수록 식물이 하는 말을 이해하고, 더
즐거운 식물 생활을 즐길 수 있을 거예요.

Chapter 1. 일곱 가지 식물 건강 솔루션

식물 생장에 필수 요소 7가지(흙, 화분, 물, 빛, 바람, 해충, 비료)를 자세하게 살펴보고 각 요소가 어떤
방식으로 식물에 영향을 주는지 쉽게 이해할 수 있는 정보를 제공합니다.

Chapter 2. 독일카씨 식물 연구소

실제로 저자가 키우는 식물 중에 대중적으로 인기 있는 7종을 선정했습니다. 각 식물에 대한 다양하고
재미있는 이야기와 품종별 매력을 집중적으로 파헤쳐 봅니다.

❶ 식물의 대표 학명(속명)과 자생지,
평균적인 관리 레벨에 대한 정보를
담았습니다.

❷ '너는 누구?' 코너에서는 각 식물의
원산지와 자생 환경, 관리 방법과 특징,
최근 트렌드에 대한 기본적인 정보를
제공합니다. 식물에 대한 기초 정보를
이해할 수 있는 내용이니 놓치지 마세요!

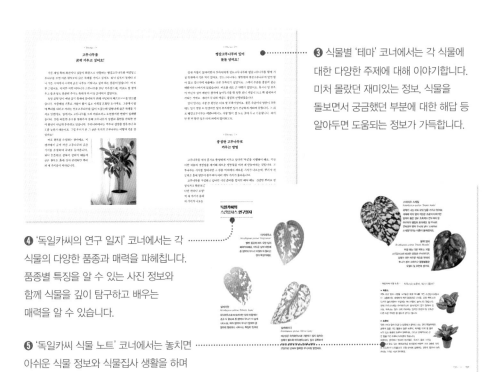

❸ 식물별 '테마' 코너에서는 각 식물에
대한 다양한 주제에 대해 이야기합니다.
미처 몰랐던 재미있는 정보, 식물을
돌보면서 궁금했던 부분에 대한 해답 등
알아두면 도움되는 정보가 가득합니다.

❹ '독일카씨의 연구 일지' 코너에서는 각
식물의 다양한 품종과 매력을 파헤칩니다.
품종별 특징을 알 수 있는 사진 정보와
함께 식물을 깊이 탐구하고 배우는
매력을 알 수 있습니다.

❺ '독일카씨 식물 노트' 코너에서는 놓치면
아쉬운 식물 정보와 식물집사 생활을 하며
느낀 점들을 담았습니다.

Chapter 3. 오! 나의 즐거운 식물 생활

이제 식물 생활을 '취미'를 넘어 하나의
'라이프스타일'이 되었습니다. 식물 생활에 도움되는
꽃시장, 식물원, 꽃 축제, 식테크 등의 알찬 정보를
담았습니다.

🍀 **식물명 표기 원칙**

– 국어사전에 등재된 식물명 이외에는 국내에서 유통될 때 주로 사용되는 명칭을 사용했습니다.
– 학명은 속명의 첫 글자는 대문자 표기, 뒤에 붙는 종소명이 원종일 때는 소문자, 교배종일 때는 대문자로
  표기했습니다. 마지막에 붙는 품종명은 작은따옴표로 표기했습니다.

예) <u>Monstera</u>   <u>deliciosa</u>   <u>variegata</u>   <u>'Thai Constellation'</u>
　　　속명　　　종소명　　(하위명)　　　　品종명

우리 집 식물이 거대해진 비밀

식물이 크게 잘 자라는 조건으로 무엇이 있을까요?

가장 중요한 것은 역시 빛과 물, 바람이라고 할 수 있겠죠. 하지만 과연 그것뿐일까 생각하다 알게 된 조금 특별한 이야기를 해보려고 합니다.

제가 키우는 식물 중에 유독 관엽식물들이 굉장히 잘 자랍니다. 자생지만큼은 아니지만 실내에서 키우는 것치고는 굉장히 크게 자라더라고요. 몇 년에 걸쳐 블로그와 유튜브를 운영하면서 정말 많은 질문을 받았어요.

"독일카씨 님, 어쩜 그렇게 식물을 크게 키우시나요? 특별한 비법이 있으신 거죠?"

이 질문에 저는 항상 '햇빛 잘 보여주고 물을 제때 잘 줘서 그런 것 같아요!'라고 답했습니다. 그런데 요즘 들어 우리 집 식물이 거대하게 자라는 이유를 알게 되었어요. 과학적인 근거가 뒷받침된 것이 아니라 저의 짐작일 뿐이라는 점을 미리 말해둡니다.

첫 번째로 오래 키우는 것이에요. 어쩌면 당연한 말이죠. 그런데 이게 말처럼 쉬운 일이 아닙니다. 1~2년 전 희귀식물이 한창 유행할 때는 가격이 비싼 만큼 빨리 번식해서 개체수를 늘리는 것이 이득이었기 때문에 더더욱 쉽지 않았습니다. 저 역시 줄기를 잘라 삽목할 수 있는 시기가 되면 많은 고민을 했습니다. 번식해서 개체를 늘릴 것이냐, 그냥 계속 하나의 개체를 키울 것이냐! 번식하면 분양해서 식물을 사는 데 들어간 돈을 회수할 수 있어서 좋고, 그냥 쭉 키우면 조금 더 빨리 크게 성장해서 좋겠지요.

블로그와 유튜브를 통해 제 식물들을 좋아해주시고 근황을 궁금해하시는 분들이 있어서 번식보다는 계속 키우는 쪽을 선택했습니다. 그러다 보니 한해 두해 지나면서 자연스럽게 식물이 크게 자라는 것을 볼 수 있었습니다. 하지만 이것만으로는 거대한 식물의 비밀이 완전히 밝혀진 것은 아니에요. '하나의 개체를 자르지 않고 오래 키우면 커진다'는 저의 의견을 듣고 그대로 시행한 분들이 있었지만 어느 정도 크고 나서는 더 이상 크지 않았다고 합니다. 그래서 번식하지 않고 오래 키우는 것만이 비결은 아니라는 것을 알게 되었습니다.

두 번째로 생각해본 것은 적절한 습도와 호흡입니다. 단순히 높은 습도가 도움되는 것이 아니라, 정해진 공간에 식물의 적당한 수와 원활한 호흡이 주된 요인이 아닐까 생각합니다. 우리 집 베란다와 거실의 습도는 그렇게 높은 편이 아니에요. 맑은 날 기준으로 60% 정도인데 일반 가정집보다는 높지만 관엽식물의 자생지보다는 낮은 수준이지요. 요즘은 높은 습도에서 열대 관엽식물이 잘 자란다고 알려져 '식물장'도 많이 사용합니다. 실내 온실이라고 생각하면 되는데, 심미성을 높이기 위해 유리나 아크릴 진열장 속에 식물을 키우는 것이에요. 단순히 높은 습도가 가장 큰 요인이라면 식물장 안에서도 거대하게 자라야 하는데 모두 그런 것은 아닙니다.

제가 키우는 식물들도 어느 순간부터 갑자기 거대해지기 시작했어요. 그 시기를 가만히 생각해보니 식물의 수가 갑자기 늘어난 때였던 것 같아요. 베란다라는 한정적인 공간에 식물의 수가 늘어나면서 크기가 급속도로 성장한 것이지요.

식물은 대부분 광합성을 통해 호흡하고 양분을 얻는데, 이 과정에서 잎이나 줄기로 흡수한 수분을 다시 공기 중으로 방출합니다. 아침에 호흡하는 식물도 있고 저녁에 호흡하는 식물도 있는데, 호흡하는 시간은 다르지만 기본적으로 광합성은 햇빛을 받아 이루어진다고 할 수 있죠. 베란다의 식물들이 늘어나면서 자연스럽게 여러 식물군이 같이 자라게 되었는데, 식물들이 방출하는 산소와 이산화탄소, 수분이 서로 영향을 준 것이 아닐까 싶어요. A라는 식물이 내뿜는 수분을 B가 흡수하고, 반대로 B가 내뿜는 수분을 A가 흡수하는 식으로 상호작용을 하면서 서로의 성장에 도움을 준 것이 아닐까 추측합니다.

이후로 여러 농장들과 식물을 많이 키우는 지인들의 집을 유심히 관찰해보았습니다. 짐작대로 식물의 수가 많은 곳일수록 크기도 거대하더군요. 나중에 여건이 된다면 이러한 저만의 가설을 제대로 연구해보고 싶습니다.

한 공간에 식물의 수가 많을수록 크게 자란다는 것은 자생지와 비슷한 환경을 마련해준다는 것과 같은 의미입니다. 베란다 혹은 집 안을 하나의 거대한 테라리엄이라 생각하고 정성과 애정을 쏟는다면 여러분의 식물도 조금 더 크고 튼튼하게 성장할 수 있지 않을까 생각해봅니다.

식물의 고향과 생태를
잘 아는 것이 중요한 이유

반려동물처럼 식물을 곁에 두고 돌보는 사람들이 많아지고 있습니다. 이런 사람들을 '식물집사(식집사)' 혹은 '식물덕후(식덕)'라고 부르지요. 식집사들에게 다양한 식물을 키우는 것은 정말 행복한 일입니다. 지구상의 수많은 식물들 중 우리 집에서 키울 수 있는 식물은 한정되어 있습니다. 다양한 특성을 가진 식물들을 내 집에서 키우려면 그에 대한 이해와 돌보는 방법이 뒷받침되어야 합니다.

처음 식물을 키울 때는 일단 햇볕이 잘 드는 거실 한편에 화분을 놔두고, 물은 일주일에 한 번씩 줍니다. 그런데 물도 주기적으로 주고 딱히 손대지도 않았는데, 한 달쯤 지나 죽어가는 식물의 모습에 허탈해하며 식물 키우기는 나와 맞지 않다고 생각합니다. 주변에서 이런 이야기를 흔히 듣지 않나요?

우리가 만날 수 있는 식물의 종류는 정말 많습니다. 키우기 쉽게 개량된 원예종부터 야생 그대로의 원종 식물들까지 말이죠. 어떤 식물은 아주 습한 늪지에 살고, 나무나 바위에 붙어서 소량의 수분만으로 살아가는 식물도 있습니다. 이렇게 식물은 자생지가 어디인지, 어떤 생태적 특성을 가지고 있는지에 따라 잘 자랄 수 있는 환경을 만들어주어야 합니다. 그래서 여러 종류의 식물들을 한곳에 키우려면 각각의 자생지와 생육 환경을 먼저 이해해야 합니다. 우리에게 익숙한 식물들을 예로 들어 설명해볼게요.

A씨는 호접란을 선물받아 키우기 시작했습니다. 호접란은 이끼의 한 종류인 수태에 심어져 있습니다. A씨는 호접란을 잘 키우기 위해 일주일에 한 번씩 물을 주며 식탁 위에 놓아두고 예쁜 꽃을 감상했습니다. 그런데 한 달이 지나자 싱싱하던 호접란은 갑자기 꽃이 우수수 떨어지고 잎도 노랗게 마르며 주름지기 시작했습니다. A씨는 물이 부족한가 보다 하고 더 자주 물을 주었습니다. 그러다 두세 달 뒤 호접란은 까맣게 말라 죽고 말았습니다.

호접란은 동남아시아부터 동아시아까지 넓게 분포되어 있어요. 우리에게 익숙한 큰 꽃을 피우는 호접란은 대부분 연중 따뜻하고 습도가 높은 동남아시아가 원산지라고 보면 됩니다. 그리고 호접란은 자연 상태에서 큰 나무의 기둥이나 바위에 우동면 같은 굵은 뿌리(기근)를 내리고 살아갑니다. 굵은 뿌리는 항상 공기 중에 노출되어 있어서 비가 오거나 습도가 높을 때 수분을 다량 저장하지요. 이러한 착생란 뿌리의 특성으로 인해 공기가 잘 통하지 않거나 너무 축축한 곳에서는 부패되기 쉽습니다.

A씨가 호접란의 생육 환경과 특성을 잘 알고 있었다면 더 건강하게 잘 키웠을 거예요. 뿌리가 공기 중의 습기를 잘 흡수하라고 수태에 심는 것인데, 수태가 항상 축축하게 젖어 있는 것도 위험할 수 있습니다. 수태가 바짝 마른 것을 확인하고 물을 주었다면 좋았을 것입니다. 뿌리에 공기가 좀 더 잘 통하려면 베란다 창가에 두어 지나친 습기로 뿌리가 썩고 잎이 손상되는 것을 피해야 합니다. 바람은 호접란 화분의 수태를 한층 더 빨리 마르게 건조시켜 주기도 합니다.

카페를 운영하고 있는 B씨는 개업 선물로 큰 화분에 심은 해피트리를 받았습니다. 큰 빌딩들 사이에 위치한 카페는 평소 내부까지 햇빛이 잘 들어오지 않습니다. B씨는 식물을 좋아하는 '식덕(식물덕후)'이기도 해요. 해피트리를 키워본 적이 없는 그는 해피트리를 잘 키우기 위해 간단하게 사전 조사를 해봅니다. 식물도감을 살펴보고, 인터

넷에서 정보를 검색했죠. 해피트리의 원산지가 중국 남부, 인도, 인도네시아 등지인 것을 확인하고 추위에 약할 것이라고 추측합니다.

초봄에 개업했으니 추위가 찾아오는 10월까지는 카페 입구 밖에 해피트리를 두기로 합니다. 잎이 생각보다 얇아서 너무 뜨거운 직사광선은 안 좋을 것 같아 입구의 비가림막 아래 두었죠. 그리고 화분에 꽂힌 이름표에 '일주일에 물 한 번'이라는 문구가 적힌 것을 보고 의아한 생각이 듭니다. 지름이 약 30cm에 이르는 대형 화분에 심어진 해피트리는 잎이 무성해서 수분이 많이 필요할 것 같은데 흙은 촉촉이 젖어 있는 상태입니다. B씨는 일단 기다려보기로 합니다.

일주일이 지났는데 화분의 흙이 아직 마르지 않았습니다. 2주일 정도 지나 겉흙이 마르기 시작하더니 3주가 지났을 때 보니 겉흙이 보송보송 말라 있었습니다. 혹시나 하고 흙 윗부분을 살짝 파보니 3cm 아래까지 말라 있기에 흠뻑 물을 주었습니다. 물을 줄 때가 되었을 때 일기예보에 비 소식이 있으면 시원하게 비를 맞히며 키웠어요. 어느새 시간이 흘러 10월이 되었을 때 해피트리는 몰라볼 정도로 성장해 있었습니다. 그리고 첫 서리가 내리기 전 카페 안으로 해피트리를 들여놓았어요. 겨우내 빛이 좀 부족해서인지 잎이 조금 처지고 색도 약간 잃어갑니다. B씨는 겨울 동안 성장 속도가 느린 해피트리에 물을 덜 주었어요. 그렇게 이듬해 봄이 되자 다시 카페 밖에 해피트리를 내놓기로 합니다.

식물의 생태를 잘 이해하고 돌본 사례입니다. 몇 년 지나면 이 해피트리는 우람한 거목이 되어 있을 거예요. B씨처럼 식물의 원산지와 생육 환경을 아주 조금이라도 이해한다면 식물을 더 건강하게 키울 수 있습니다. 예로 든 호접란과 해피트리 외에도 식물들은 자생지와 생태에 따라 정말 다양한 환경이 필요합니다. 관심이 가는 식물이나 새로 들인 식물이 있다면 조금이라도 미리 공부해보세요. 조금만 더 세심하게 관심을 기울이면 어떤 식물도 멋지게 키울 수 있습니다.

나에게 맞는 식물을
찾아보세요!

사람마다 각자 다른 성격과 개성을 가지고 있듯이 식물도 마찬가지입니다. 물을 좋아하는 식물, 물을 좋아하지 않는 식물(건조한 환경에 강한 식물), 햇빛을 좋아하는 식물, 강한 햇빛을 싫어하는 식물 등 살아가는 환경도 다르고 생육 특징도 굉장히 다양합니다.

그러다 보니 식물집사와 식물 사이에도 궁합이 있는 것 같아요. 식물집사의 성격에 따라 어떤 식물을 키우는 것이 좋을지 한번 알아볼까요? 물론 반드시 맞는 것은 아니니 재미로 봐주세요.

성격이 급한 사람
→**A** 필로덴드론

성격이 느긋한 사람
→**B** 착생란(풍란, 카틀레야,
호접란)

귀차니즘이 있는 사람
→**C** 스투키, 금전수

주위를 잘 챙기는 사람
→**D** 스파티필럼, 수국

수집가 기질이 있는 사람
→**E** 제라늄, 베고니아

계획적인 사람
→**F** 구근식물(튤립, 히아신스)

인테리어에 진심인 사람
→**G** 몬스테라, 스킨답서스

반려동물을 키우는 사람
→**H** 올리브, 파키라

A 필로덴드론
Philodendron

B 착생란
Epiphytic Orchid

성격이 급한 사람들은 식물도 빨리 성장해야 만족감을 느낄 수 있어요. 물을 주고 햇빛을 쬐어주는 만큼 하루가 다르게 성장하면 뿌듯하지요. 하지만 성장이 굉장히 빠른 식물이 있고, 1년이 지나도 제대로 자라는 건가 싶을 정도로 성장이 느린 식물이 있습니다.

성장이 빠른 식물을 하나 추천하자면 **필로덴드론**이 있습니다. 몇 해 전부터 유행하기 시작해 지금까지 그 열기가 식지 않은 식물인데요. 필로덴드론은 작은 것부터 키워도 1년만 지나면 정말 거대하게 자라서 식물이 쑥쑥 크는 것을 보고 싶은 분들에게 추천합니다.

성격이 느긋하고 기다리는 것을 잘 견디는 사람은 성장이 조금은 느린 식물을 키워보는 것도 좋습니다. 식물이 느리게 자라도 기다려줄 수 있고, 몇 년 이상 키우며 작은 성장에도 기쁨을 느낄 수 있다면 말이죠.

추천하고 싶은 식물은 **착생란**입니다. **풍란, 카틀레야, 호접란** 등이 여기에 해당합니다. 1년을 키워도 그다지 많이 성장하지 않습니다. 호접란은 한 해에 평균 두세 장의 잎을 내주지요. 카틀레야도 1년에 한두 개의 촉을 올릴 정도로 성장이 느린 식물입니다. 이런 식물들은 급격히 커지지 않기 때문에 공간 제약이 적은 편이고 오랜 시간 함께할 수 있어서 좋습니다. 하나 더 추천하자면 선인장과 다육식물도 무난합니다.

C 스투키 & 금전수
Stuckyi & ZZ Plant

D 스파티필럼 & 수국
Spathiphyllum & Hydrangea

식물의 초록초록한 색감과 싱그러움은 좋지만 자주 물을 챙겨주는 것을 귀찮아하는 사람은 건조한 환경에 강한 식물을 키우면 좋습니다. 한 달에 한두 번 정도만 물을 주어도 건강하게 잘 사는 식물이 제격이지요.

스투키, 금전수가 여기에 해당합니다. 스투키는 뾰족하고 도톰한 잎 속에 다량의 수분을 품고 있어서 건조한 기후에 정말 강하고, 금전수는 덩이뿌리 속에 양분과 수분을 저장하므로 물을 자주 주지 않아도 튼튼하게 자랍니다.

친구에게 밥 사주는 것이나 소소한 선물 챙겨주는 것을 좋아하는 사람들이 식물을 키울 때도 자주 물을 주고 비료도 챙겨주는 것 같아요. 주위를 잘 챙기고 뭔가를 해주고 싶어 하는 사람이라면 물을 좋아하는 식물을 추천합니다. 식물을 죽이는 가장 큰 요인이 과습이지만, 물을 좋아하면서 과습에 강한 식물이라면 문제없을 거예요.

물을 좋아하는 대표적인 식물로 스파티필럼, 수국이 있습니다. 두 식물을 추천하는 이유는 물이 부족할 때 잎을 통해 바로 신호를 주기 때문이에요. 수분이 부족하면 바로 잎이 삶은 시금치처럼 축 처집니다. 이때 물을 흠뻑 주면 곧 언제 그랬냐는 듯 생생하게 살아나지요. 식물에 자주 물을 주면서 힐링을 느끼고 싶은 분들에게 좋을 거예요.

E 제라늄 & 베고니아
Geranium & Begonia

F 구근식물
Bulbous Plant

무언가를 수집하고 모으는 취미가 있다면 식물에도 그러한 성향을 적용해볼 수 있습니다. 요즘에는 한 가지 식물의 다양한 품종을 모으는 마니아도 많습니다.

제라늄, 베고니아가 여기에 해당합니다. 특히 제라늄은 잎의 모양과 꽃의 색이 매우 다양해서 한번 그 아름다움에 빠지면 여러 품종을 키우고 싶은 욕구가 생깁니다. 여러 종류의 식물을 키우는 즐거움도 있지만 한 종류의 식물을 수집하는 재미도 큽니다.

계획적인 삶을 추구하는 사람이라면 **튤립, 히아신스** 같은 **구근식물**을 키워보는 것도 좋겠습니다. 모든 구근식물이 그런 것은 아니지만 대부분 가을에 심어 봄에 꽃을 피우고 여름이 오기 전에 구근을 수확해서 보관했다가 다시 가을에 심는 과정을 반복합니다. 굉장히 손이 많이 가는 일이지요. 이런 구근식물들을 키우려면 지속적인 계획과 관찰, 관리가 필요합니다. 계획을 세우고 실천하는 것을 잘하는 사람들은 구근식물을 관리하는 데 큰 어려움이 없을 거예요. 게다가 계절마다 해야 할 일들을 실행하는 즐거움도 있습니다.

G 몬스테라 & 스킨답서스
Monstera & Epipremnum

H 올리브 & 파키라
Olive & Pachira

집 꾸미기에 관심이 많은 사람은 플랜테리어에 도움되는 유니크한 모습의 식물이나 덩굴식물을 추천합니다.

대표적으로 **몬스테라, 스킨답서스**가 있어요. 몬스테라는 어릴 때는 성장이 더딘 듯하지만 클수록 거대해지는 잎과 구멍이 송송 뚫린 모양이 굉장히 매력적입니다. 거실 한편에 거대한 몬스테라 하나만 있어도 집 안 분위기가 달라질 거예요. 또 스킨답서스와 같은 덩굴식물을 높은 곳에 두고 키우면 줄기와 잎이 아래로 늘어지면서 굉장히 멋스럽게 자란답니다.

반려동물을 키우는 사람을 위한 식물로 올리브와 파키라를 꼽았는데, 사실 추천하는 식물보다 키우지 말아야 할 식물을 아는 것이 중요해요. 집 안이나 정원에서 키우는 식물 중 반려동물에게 해가 되는 독을 가진 것들이 있습니다. 독이 있는 식물을 반려동물이 먹으면 심각한 문제를 초래할 수도 있어요.

특히 개보다 고양이에게 더 치명적입니다. 고양이는 개보다 식물체를 소화하는 효소가 적기 때문이라고 해요. 가장 주의해야 할 것은 천남성과 식물(p.138 참고)입니다. 그리고 백합, 튤립, 수선화 등 구근식물의 뿌리, 란타나 등은 키우지 않는 것을 추천합니다. 또한 칼랑코에의 꽃도 반려동물에게 위장 장애를 일으킬 수 있으니 주의해야 합니다.

Chapter

1

일곱 가지
식물 건강 솔루션

4

첫 번째 솔루션

Soil

흙

식물은 보통 흙에 뿌리를 내리고 수분과 양분을 흡수하며 성장합니다. 물론 뿌리가
퇴화하여 잎으로 수분을 흡수하는 식물도 있고, 흙이 아닌 나무줄기에 뿌리를 내려
성장하는 식물도 있지요. 물 위에 둥둥 떠서 수면 아래 뿌리를 뻗는 식물도 있고요.
하지만 대부분은 흙에 뿌리를 내립니다. 그만큼 흙은 식물의 성장에 없어서는 안 될
요소입니다. 식물을 조금 더 가까이 두기 위해 화분에 심을 때 흙에 대해 조금만 더
세심하게 신경 쓴다면 우리 집 식물들이 조금 더 건강하게 자랄 수 있을 거예요.

식물이 흙에서만 산다고요? No!

식물에게 흙은 영양과 성장의 원천입니다. 사람 몸속의 장내 미생물이 중요한 것처럼 식물도 흙 속의 미생물을 통해 생장합니다. 큰 의미에서 흙이라고 지칭했지만 식물의 생육 특성에 따라 흙에서 키우기도 하고, 이끼의 한 종류인 수태에 키우기도 합니다. 혹은 나무껍질인 바크를 이용해 심거나 물에 뿌리를 담가서 키우기도 하지요.

흙

식물에게 무엇보다 중요한 것이 흙이지만 그렇다고 모든 식물이 토양에 뿌리를 내리고 살아가는 것은 아닙니다. 물 위에 떠서 자라는 식물도 있고, 바위나 나무줄기에 붙어서 자라는 식물도 있습니다. 하지만 대부분의 식물이 토양에 뿌리를 두므로 우리가 흔히 접하는 원예식물들은 주로 화분에 흙을 담아 심어서 가꿉니다.

옛날에는 밭흙이나 산흙을 화분에 담아서 식물을 키웠어요. 그러다 실내에서 식물을 많이 키우기 시작하면서 무거운 자연의 흙보다 가벼운 흙, 병충해가 없는 깨끗한 흙을 찾게 되었죠. 지금은 상토라는 인공 토양을 많이 사용합니다. 플라스틱과 같은 인공의 소재를 사용하는 것은 아니고, 코코피트(코코넛 껍질의 부산물), 피트모스(퇴적된 이끼를 채취한 것), 펄라이트(진주암에 열을 가해 팽창시킨 것) 등 자연에서 얻은 여러 재료들을 혼합하여 식물이 잘 자랄 수 있는 흙의 형태로 만든 것이죠. 원예용 상토, 무비상토, 분갈이 상토, 블루베리 전용 상토 등 용도와 성분에 따라 여러 가지로 나뉩니다.

＊원예용 상토
일반적인 관엽식물들이 잘 자랄 수 있도록 코코피트가 주를 이루고 피트모스가 일부 첨가됩니다. 물론 제조사에 따라 피트모스가 더 많이 들어간 것도 있습니다. 물 빠짐을 원활히 하기 위해 펄라이트도 함유되어 있고, 부족한 영양분을 보충하기 위해 비료 성분이 일부분 포함됩니다.

＊무비상토
원예용 상토에 비료 성분을 첨가하지 않은 흙입니다. 비료 성분이 거의 없기 때문에 영양분이 많이 필요하지 않은 어린 식물을 키우거나 삽목 등으로 식물을 번식할 때 주로 사용합니다. 참고로 어린 식물들이나 삽목 후 나오는 여린 뿌리는 비료 성분으로 인해 쉽게 상할 수 있답니다. 요즘은 필요에 따라 다양한 형태의 비료를 쉽게 구할 수 있어서 무비상토에 식물을 심고 비료를 직접 첨가하는 경우도 늘어나는 추세입니다.

＊블루베리 전용 상토
산성 토양에서 잘 자라는 블루베리의 특성에 맞춰 원예용 상토에 비해 산성을 띠는 피트모스 함량을 높인 흙입니다.

이외에도 각종 나무껍질이나 식물 부산물이 부숙되어 영양 성분이 다량 함유된 부엽토를 가정에서 쓰기 좋게 소독한 것도 있습니다. 자연의 흙으로는 황토, 강모래, 산모래, 산야초, 수생식물 전용 흙 등 여러 가지 종류가 있습니다. 제조사마다 약간의 차이는 있지만 대부분의 상토는 물 빠짐이 좋으면서 수분이 유지될 수 있도록 만들어졌습니다.

식물을 오랜 기간 길러온 '식물덕후' 혹은 '그린썸'들은 원예용 상토에 여러 식물들을 심어서 관리합니다. 수분이 많이 필요한 식물들은 조금 더 자주 물을 주고, 과습에 취약한 식물은 물 주는 간격을 좀 더 늘리죠. 흙에 뿌리를 내리는 식물이라고 해서 모두 똑같은 것은 아니에요. 고사리처럼 수분이 많이 필요한 식물이 있고, 제라늄이나 로즈마리처럼 과습에 약한 식물들이 있어요. 식물의 생육 환경을 고려해 상토에 여러 가지 재료를 추가하여 각각의 식물들이 잘 자랄 수 있는 흙에 키우면 좋습니다.

수태

이끼의 한 종류인 수태에 키우는 식물도 굉장히 많습니다. 대표적인 것이 착생란이죠. 나무나 바위에 붙어서 자라는 난과의 식물들을 일컫는 착생란에는 호접란, 풍란, 카틀레야 등이 있습니다. 이들은 자연의 나무 기둥이나 바위에 붙어 비나 이슬을 흡수하고 뿌리에 수분을 저장하며 살아갑니다. 물론 난을 전문적으로 키우는 농장에서는 자생지와 비슷하게 높은 습도를 유지하며 굴참나무 껍질인 굴피나 수석 등에 착생란을 붙여서 키우기도 합니다. 하지만 일반 가정집에서는 높은 습도를 유지하기가 매우 힘들어요. 매일 아침저녁으로 물을 뿌려주면 좋은데 현실적으로 쉽지 않은 일이죠.

그래서 수분을 적절히 공급하면서 공기가 잘 통하고 자체적으로 살균 성분을 가지고 있는 수태에 키우는 경우가 많습니다. 수태 사이사이에 공극이 있어 공기가 잘 통하고 한 번 수분을 흡수하면 오랜 시간 머금고 있어서 착생란들에게 최적의 환경을 제공합니다.

착생란 외에도 수태에 키우는 식물들은 많습니다. 저는 넓은 수반에 수태를 얇게 깔고 그 위에 식충식물 중 하나인 벌레잡이제비꽃을 얹어둡니다. 북반구 한대지방이 자생지인 벌레잡이제비꽃은 고산지대의 습한 암벽이나 습지에서 자라는데, 이러한 환경을 맞춰줄 수 있는 식재가 수태입니다. 또한 영하권이 아니면 웬만한 추위에는 적응할 수 있기에 사계절 아파트 베란다에서 키우기에도 좋답니다. 제주애기모람같이 나무 밑 습지에 자생하는 식물이나 열대지방 혹은 아마존 밀림 출신의 식물들도 수태에 키우는 경우가 많습니다. 어항에 흙을 깔고 수태를 얹어서 그 위에 식물들을 키우는데, 항상 높은 습도를 유지하며 자생지와 비슷한 환경을 만들어줄 수 있습니다. 이렇게 어항 등의 유리 용기에 식물을 키우는 방식을 '테라리엄'이라고 합니다. 테라리엄은 종종 통기가 원활하지 않으면 곰팡이가 생기기 쉬우니 통기와 환기에 유의해야 합니다.

바크

나무껍질을 가공해 만든 바크도 식물을 키울 때 많이 사용합니다. 화분에 관엽식물을 심을 때 흙 위를 덮는 멀칭용으로 사용하기도 하고, 정원에 식물을 심고 잡초가 자라는 것을 방지하거나 겨울에 지열을 가둬두는 월동제로 활용하기도 합니다.

오래되어 덩치가 커진 착생란이나 열대식물인 안수리움을 바크에 키우

기도 합니다. 어린 착생란을 수태에 심어 키우다 덩치가 커져서 큰 화분에 그대로 분갈이를 해주면 수분이 지나치게 많아질 수 있어요. 수분이 오래 유지되는 수태의 양이 많아지면 장기간 마르지 않아 뿌리가 상하는 경우를 종종 볼 수 있습니다. 이런 경우 수태 대신 바크에 착생란을 키웁니다. 바크는 수분을 어느 정도 머금고 있으면서 공기가 잘 통해 착생란을 키우기 유리합니다. 다만 수태에 비해 물을 자주 줘야 하고, 바크가 다 말랐는지 확인하기 힘들기 때문에 물을 관리하기가 처음에는 어려울 수 있습니다. 하지만 지속적으로 관찰하다 보면 언제 물을 주어야 할지 감이 올 거예요.

많은 사람들에게 사랑받는 난초과 식물인 대명석곡과 킨기아눔도 주로 바크에 키웁니다. 해가 갈수록 덩치가 커지는 식물들에게는 바크만 한 식재가 없답니다. 잘 숙성된 바크는 썩거나 부패하지 않아 오랫동안 분갈이를 하지 않아도 되는 장점이 있으니, 조금 비싸더라도 숙성 바크를 추천합니다.

식물 특성에 맞는 흙 조합이 있다!

식물들마다 생육 환경이 다르기 때문에 세심하게 살펴봐야 할 것들이 많지만, 무엇보다 각각의 특성에 맞는 흙을 찾아주는 것이 좋습니다. 대표적인 식물의 특성에 잘 맞는 기본적인 흙 배합을 살펴볼게요.

과습에 약한 식물 ▶ 알로카시아, 안수리움, 군자란 등

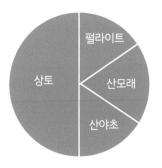

펄라이트
산모래
상토
산야초

보통 덩이뿌리이거나 초화류이지만 줄기가 두꺼운 식물, 혹은 뿌리가 굵은 식물들은 일반 상토에 키우면 수분이 지나치게 많이 공급될 수 있습니다. 상토에 펄라이트나 산모래 또는 산야초를 추가해서 물 빠짐을 좋게 하고 공기가 잘 통하게 해줍니다. 과습에 약한 식물이라고 해서 물을 싫어하는 것이 아니기에 제때 적당한 수분을 공급하는 것이 중요합니다.

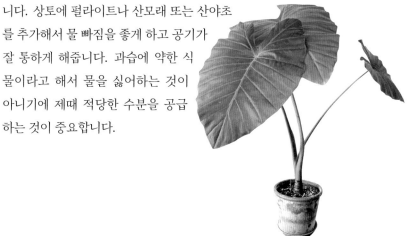

수분이 많이 필요한 식물 ▶ 커피나무, 올리브나무, 수국 등

잎사귀가 얇고 생육이 빠르며 뿌리가 얇고 넓게 퍼지는 식물들은 수분을 많이 필요로 합니다. 이 경우 상토에 미립 바크나 하이드로볼(황토를 동그랗게 반죽하여 구운 흙 구슬)을 추가해서 수분을 조금 더 오래 머금고 있으면서 공기가 잘 통하도록 해줍니다. 수분이 많이 필요한 식물도 뿌리에 산소 공급이 차단되고 항상 흙이 축축하게 젖어 있으면 과습으로 뿌리가 상하기 쉽습니다. 흙보다 부피가 큰 바크나 하이드로볼을 상토에 섞으면 사이사이로 공기가 통해서 뿌리가 썩는 것을 방지해줍니다.

수생식물 ▶ 수련, 물토란, 워터코인 등

기본적으로 흙에 뿌리를 내리는 식물이지만, 연못에 키우거나 물구멍이 없는 큰 대야에 심어서 키우기도 합니다. 이런 식물들은 인공 토양인

상토를 사용하면 안 됩니다. 몇 년 전 상토에 연꽃 씨앗을 심었다가 물에
잘 뜨고 가벼운 코코피트들이 물 위로 모두 떠올라 낭패를 본 경험이 있어
요. 이런 식물들은 논흙에 재배하는 것이 가장 좋고, 여의치 않다면 마당
의 흙을 사용합니다. 하지만 남의 논이나 밭에서 흙을 퍼올 수는 없죠. 요
즘은 수생식물 키우기에 적합한 수생흙도 있으니 이용하면 좋습니다. 적
당한 비료 성분이 들어 있고 깨끗해서 수생식물을 키울 때의 단점인 악취
가 자연 흙보다 덜합니다.

영양분을 필요로 하는 호비성 식물 ▶ 수국

　수국을 키울 때는 상토에 여분의 퇴비나 비료를 섞어주면 잘 자랍니다.
이외에 커피나무, 잎채소 등도 비료를 주었을 때와 주지 않았을 때 성장의
차이가 크니 비교하면서 키워보는 것도 좋습니다.

많은 영양분을 필요로 하지 않는 식물

▶ 어린 식물이나 삽목한 식물들

무비상토
or
재활용 상토

　지나친 영양분이 오히려 독이 될 수 있는 식물은 비료 성분이 없는 무비상토를 사용하거나, 한 번 식물을 키웠던 상토를 재활용하는 것도 좋아요. 다만 재활용할 때는 병충해를 방지하기 위해 뜨거운 물을 부어 소독합니다. 어린 식물의 뿌리, 삽목 후 처음 자라는 뿌리는 연약한 상태이기 때문에 과한 비료 성분에 노출되면 쉽게 상합니다. 무비상토는 비료 성분을 첨가하지 않은 것이고, 재활용 흙 또한 이전 식물이 자라면서 대부분의 비료 성분을 흡수했기 때문에 안전합니다. 다만 흙도 오래 사용하면 염류가 쌓이는 현상이 생기니 한두 번 정도만 재사용할 것을 추천합니다.

　많은 식물집사들이 직접 식물을 키우고 시행착오를 겪어가면서 나름의 비율로 흙 배합을 합니다. 식물을 키우는 사람마다 관리하는 방식이나 키우는 환경이 다르기 때문이죠. 사실 정답은 없습니다. 같은 식물을 키우더라도 햇빛이 얼마나 드느냐에 따라, 또는 통풍이 얼마나 잘되느냐에 따라서도 흙 배합이 달라집니다. 게다가 다양한 식물을 키우려면 같은 환경에서 생육 특성이 다른 식물을 함께 돌봐야 합니다. 과습에 약한 식물과 물을 많이 주어야 하는 식물을 함께 키워야 하는 경우도 많죠.
　이렇듯 식물의 종류와 키우는 환경에 따라 흙 배합을 바꿔주는 일이 어렵게 느껴질 거예요. 하지만 예시를 통해 알 수 있듯이 식물의 생육에 대한 이해만 있다면 쉽게 적용해볼 수 있습니다.

과습보다 흙 배합이 문제일 수 있어요!

원예용 상토에는 기본적으로 코코피트, 피트모스를 비롯한 여러 식재와 물 빠짐을 좋게 하는 펄라이트가 섞여 있습니다. 물론 제조사마다 비율은 조금씩 차이가 있지만 대부분 이 배합이 일반적이에요. 식물의 생육에 적합한 가장 기본적인 흙의 배합입니다. 식물을 오랜 시간 키워온 사람들은 원예용 상토만으로도 식물을 과습으로 죽이지 않고 잘 관리합니다. 하지만 처음 식물을 키우거나 아직 물 주는 법을 잘 모르는 사람들은 원예용 상토만 사용할 경우 종종 과습으로 식물을 떠나보냅니다.

실내에서 키우는 식물에게 일어나기 쉬운 과습 현상을 방지하기 위해 원예용 상토에 배수가 좋은 식재들을 섞어 물 빠짐이 좋은 환경을 만듭니다. 저는 주로 원예용 상토에 적옥토와 녹소토 혹은 산야초를 7 : 3 비율로 섞어서 사용합니다. 원예용 상토에 모래알보다 큰 식재들을 섞으면 물을 주었을 때 조금 더 빨리 물이 빠져나가서 그만큼 흙 속에 산소가 잘 공급되어 뿌리가 숨을 쉴 수 있습니다. 하지만 이것은 기초적인 내용일 뿐 흙 배합과 과습의 상관관계는 조금 더 복잡합니다. 그렇다면 식물을 분갈이할 때 여러 가지 상황에 대해 살펴볼까요?

12cm 화분에 심은 스킨답서스 포트묘를 분갈이하는 경우

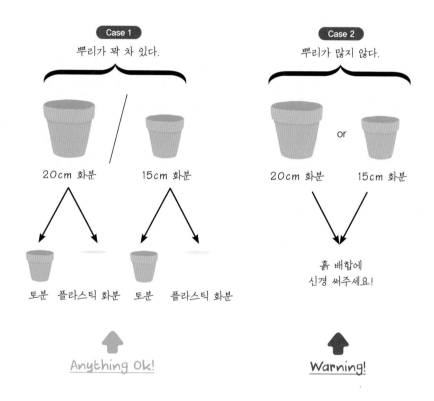

Case 1
뿌리가 꽉 차 있다.

20cm 화분   15cm 화분

토분 플라스틱 화분   토분   플라스틱 화분

Anything Ok!

Case 2
뿌리가 많지 않다.

20cm 화분   15cm 화분

or

흙 배합에
신경 써주세요!

Warning!

스킨답서스를 분갈이할 때 식물의 상태에 따라 여러 가지 선택을 할 수 있습니다. 하지만 뿌리의 양과 물 빠짐 2가지만 이해하면 어떠한 경우에도 건강하게 분갈이할 수 있습니다.

Case 1 뿌리가 많은 스킨답서스를 큰 화분으로 분갈이할 경우

이때는 흙 배합에 너무 큰 부담을 가지지 않아도 됩니다. 기존의 뿌리가 왕성하게 자라 있고 물을 잘 빨아들일 수 있기 때문에 원예용 상토만 사용해도 과습으로 문제가 생기지 않습니다. 화분 크기가 15cm이든 20cm이든, 플라스틱 화분이든 토분이든 큰 영향을 받지 않습니다. 물론 토분이 더 빨리 물이 마르지만 뿌리가 많기 때문에 플라스틱 화분의 흙도 금방 마를 거예요. 토분에 심었다면 물을 더 자주 주어야 한다는 것을 잊지 마세요.

Case 2 뿌리가 적은 스킨답서스를 큰 화분으로 분갈이할 경우

아예 큰 화분으로 분갈이해서 오래 키울 계획이라면 흙 배합에 조금 더 신경 써야 합니다. 뿌리는 많지 않은데 큰 화분에 흙이 많으면 당연히 물을 주었을 때 천천히 마를 수밖에 없습니다. 뿌리의 양이 적으면 흙에 포함된 수분을 많이 흡수하지 못하므로 남은 수분은 아래로 흘러내리거나 공기 중으로 증발되어야 합니다. 뿌리가 많지 않은 스킨답서스를 분갈이하고 나서 수일 동안 젖은 흙이 마르지 않는다면 과습으로 뿌리가 점점 상해서 죽어갈 확률이 높습니다. 이런 경우에는 원예용 상토에 물 빠짐이 좋은 식재를 배합하여 물이 빨리 마르도록 해주어야 합니다.

이때 화분의 크기에 맞게 원예용 상토의 비율을 조절하면 됩니다. 기존 화분(12cm)보다 조금 더 큰 화분(15cm)으로 옮길 경우 원예용 상토와 물 빠짐이 좋은 식재를 7 : 3 비율로 배합하면 됩니다. 반면 기존보다 2배 가까이 큰 화분(20cm)으로 옮길 경우 물 빠짐이 더 좋아야 하므로 원예용 상토의 비율을 더 적게 배합해주세요. 식물의 상태, 화분 크기와 종류에 맞게 흙 배합을 조절하면 과습으로 인한 피해를 줄일 수 있습니다.

하지만 과습을 방지하는 것만으로 모든 문제가 해결되지는 않습니다. 또 다른 난관에 봉착할 수도 있어요. *바로 물 빠짐이 너무 좋아서 식물이 말라 죽거나 건조로 인해 상하는 현상이 발생하기도 합니다.* 물 빠짐과 통

기성이 좋은 흙에 심은 식물은 대개 2~3개월 동안은 잘 자랄 거예요. 새 뿌리가 많아지고 식물의 신진대사가 활발해져서 물을 흡수하고 잎을 통해 방출하는 속도가 그만큼 빠르다는 의미입니다. 하지만 화분에 물을 주고 하루 이틀 만에 흙이 바짝 말라버리는 일이 생깁니다. 물론 이런 현상을 즉각 알아차리고 더 큰 화분으로 분갈이해주면 더할 나위 없겠지만, 너무 더운 폭염이나 너무 추운 겨울에는 분갈이를 제때 해주지 못하는 경우가 생깁니다.

키우는 식물이 많은 경우에도 마찬가지예요. 평소보다 물을 더 자주 주면 큰 문제 없지만 바쁜 일상에서 물 주는 시기를 놓치기 쉽죠. 과습만큼 물이 마르는 것도 심각한 일입니다. 물을 제때 주지 않으면 식물이 말라서 조직이 파괴되기 때문입니다. 잎이나 줄기에 물을 많이 저장해두는 다육식물이나 카틀레야, 구근식물은 오랜 건조에도 잘 버티지만, 그렇지 않은 초화류나 대다수의 관엽식물은 물 마름으로 인한 피해가 상당히 클 수 있습니다.

물 빠짐이 너무 좋아서 생기는 문제에 대비해 요즘은 *정글믹스*라는 배합이 많이 사용됩니다. 원예용 상토에 적옥토, 녹소토, 산야초 대신 *미립 바크를 배합*하는 것입니다. 기존에 사용하던 적옥토, 녹소토, 산야초는 입자가 커서 물 빠짐은 좋지만 스스로 수분을 머금고 있는 성질은 적어서 자칫 물 마름을 가속화할 수 있어요. 반면 미립 바크는 흙보다 입자가 커서 물 빠짐이 좋으면서도 나무껍질이기 때문에 어느 정도 수분을 머금고 있어서 물 마름이 더딘 것입니다. 정글믹스는 과습에 취약하면서도 물을 좋아하는 고사리류나 성장 속도가 빠른 관엽식물에 최적입니다.

흙 배합부터 시작해 과습이나 지나친 물 마름이 일어나지 않도록 관리하는 데는 많은 경험이 필요합니다. 하지만 식물의 특성에 따른 흙 배합을 잘 이해한다면 조금 더 빠른 시간 내에 반려식물에게 맞는 관리법을 터득할 수 있을 거예요.

Pot

화분

흙 배합만큼 중요한 것이 바로 화분의 선택입니다. 흙을 식물에 맞게 잘 배합해주었다 하더라도 화분 선택이 잘못되는 순간 모든 것이 허사가 될 수도 있어요. 과습을 방지하기 위한 흙 배합에 신경 썼더라도 생육 환경과 조건에 맞지 않는 화분에 기르면 오히려 과습이 심해질 수도 있고, 반대로 물이 너무 부족해서 말라 죽을 수도 있어요. 그럼 화분의 선택이 왜, 얼마나 중요한지 하나하나 함께 살펴볼까요?

토분 vs 플라스틱 화분

　어떤 화분에 식물을 심을지는 지극히 개인적 취향입니다. 어떤 화분에서 어떤 식물이 잘 자라는지도 정답이 없어요. 토분에 심으면 잘 자라고 관리하기 편한 식물이 있는 반면, 같은 식물이라도 환경에 따라 플라스틱 화분에 심어야 하는 경우도 있습니다. 먼저 토분과 플라스틱 화분이 어떤 특징을 가지고 있는지 알아볼까요?

토분
　과습에 약한 식물을 가꾸기에 최적화된 화분입니다. 흙으로 만드는 토분은 원산지의 흙에 따라 조금 차이가 있지만 기본적으로 표면의 기공을 통해 수분이 쉽게 증발하여 흙이 빨리 마릅니다. 물론 토질과 불에 굽는 온도에 따라서도 조금씩 차이는 있어요. 또한 심미적으로 아름답고 다양한 모양의 토분도 있고, 요즘은 도예가들이 만든 수제 토분도 많이 나옵니다.

　토분은 기본적으로 무거워서 작은 것은 별문제 없지만 대형 토분은 옮기기가 쉽지 않습니다. 더구나 토분이 클수록 가격도 어마어마하게 비싸죠. 큰 토분이 비싼 이유는 흙값뿐 아니라 가마의 운영 효율 때문이라고 해요. 가마에 구우려면 오랜 시간 불을 지펴야 하는데, 화분이 클수록 한 번에 굽는 개수가 적으니 단가가 더 비싸질 수밖에 없는 것입니다.

플라스틱 화분

플라스틱 화분은 무엇보다 가볍고 가격이 저렴한 것이 장점입니다. 대형 플라스틱 화분도 토분에 비하면 훨씬 가볍죠. 하지만 통기성이 부족해서 과습의 위험이 있고 보기에도 예쁘지 않습니다. 요즘은 화려하고 고급스러운 색감의 플라스틱 화분이 나오기도 하고, 화분 아래와 옆면에 구멍을 내서 공기가 잘 통하는 슬릿 화분도 있습니다. 기능성 화분은 금형 비용이 추가되어 조금 비싼 편입니다.

어떤 화분을 사용해야 할까?

흔히 과습에 취약한 식물은 토분에 심고, 물을 좋아하는 식물은 플라스틱 화분에 심으라고 합니다. 어느 정도 일리는 있지만 모든 경우에 맞다고 볼 수는 없어요. 몇 가지 상황을 예로 들어보겠습니다.

제라늄 마니아 A씨는 수십 종의 제라늄 품종을 아파트 베란다에 키우고 있습니다. 제라늄은 과습에 정말 취약한 식물이에요. 그래서 A씨는 큰 제라늄이든 작은 제라늄이든 모든 제라늄을 토분에 키우고 있습니다. 제라늄 키우기에 통달한 그는 작은 토분에는 상토 위주로 사용하고, 큰 토분에는 상토에 물 빠짐이 좋은 식재들을 섞어줍니다. 그리고 물 주는 날을 정해두는 것이 아니라 매일 한두 번씩 제라늄들을 살펴보고 그때그때 필요한 만큼 물을 줍니다.

정말 이상적인 사례라고 할 수 있습니다. 요즘은 한 가지 식물만 키우는 마니아들이 꽤 많이 있습니다. 여러 가지 색감과 모양의 제라늄을 키우지만 같은 화분으로 통일하면 조금 더 정돈되고 정갈해 보이죠. 특히 요즘은 SNS를 통해 보여지는 모습도 중요하기에 통일성을 추구하는 사람들이 많습니다.

평소 제라늄 마니아 A씨의 정원을 롤모델로 삼던 제라늄 입문자 B씨는 자신이 키우는 모든 제라늄을 토분으로 분갈이했습니다. 그런데 두 달 뒤 큰 토분에 심은 제라늄은 별문제 없었지만 작은 토분에 심은 어린 제라늄들이 모두 말라 죽었습니다. 과습을 염려하여 물 빠짐이 좋은 식재를 많이 섞었던 것입니다. 더구나 제라늄을 돌보는 데 많은 시간을 할애할 수 없었던 B씨는 바쁠 때는 2~3일이 지나도록 제라늄의 상태를 확인하지 못하는 날들이 많았습니다.

작은 토분은 종종 어린 식물에게 위험할 수 있어요. 과습의 위험성을 인지하고 식물을 키우기 시작하면 과습으로 죽는 경우는 줄어들지만, 반대로 물이 부족해 말라 죽는 경우가 종종 발생합니다. 기본적으로 토분에 담은 흙은 수분이 빨리 증발합니다. 거기에다 물 빠짐이 좋은 식재까지 섞으면 물이 마르는 속도가 급속도로 빨라지겠지요. 날이 좋으면 물을 준 지 하루도 지나지 않아 토분 속의 흙이 모두 마를 수 있어요. 물론 A씨처럼 아침저녁으로 제라늄의 상태를 관찰하며 필요할 때마다 물을 준다면 문제없겠지만, 대다수 사람들이 바쁜 일상으로 인해 식물에 많은 시간을 내주기가 쉽지는 않습니다.

물을 좋아하면서도 과습에 약한 식물들도 있습니다. 이처럼 예민하고 까탈스러운 식물이 바로 로즈마리입니다. 로즈마리는 제주도와 남부 일부 지역에서는 노지 월동도 하는 식물입니다. 겨울에 영하의 날씨가 오래 지속되지 않는다면 햇볕 잘 드는 마당에서 굉장히 잘 자랍니다. 하지만 다른 지역에서는 이런 환경을 만들어주기가 힘듭니다. 그렇다고 푸르고 향기로운 로즈마리를 포기할 수는 없겠죠.

로즈마리에게 최적의 환경인 햇빛 잘 드는 마당에서 플라스틱 화분에 키운다고 가정해볼게요. 어린 로즈마리는 지름 15cm 이하의 화분에서 키우는 것이 보편적이에요. 과습을 우려해 로즈마리를 토분에 심는다면 매일 물을 줘야 할 수 있습니다. 제때 물을 잘 주면 정말 좋겠지만 현실적으로 쉽지 않은 일입니다. 더운 여름날 하루라도 물 주는 것을 놓치면 화분 속 흙이 말라서 가지가 처지거나 하엽 현상이 생기죠.

물론 15cm 이상의 토분(환경에 따라 정확하게 나눌 수는 없지만)에 심는 것은 괜찮습니다. 하지만 이 또한 바람이 잘 부는 옥외에서는 흙이 금방 말라버릴 수 있어요. 옥외 재배를 할 때 화분에 과습이 생기는 일은 극히 드물답니다. 그래서 저는 옥외 재배를 할 때는 최대한 토분을 배제하는 편이에요. 매일 물을 줄 수 있고 인테리어 효과를 얻으려면 토분에 키우는 것도 좋습니다. 하지만 특별한 경우가 아니라면 로즈마리와 같이 물을 좋아하는 식물을 마당에서 키울 때는 플라스틱 화분을 추천합니다. 흙이 빨리 마르지 않아서 더 좋을 테니까요.

제 경우 로즈마리를 키우기 시작한 첫 해에 겨울을 맞으며 생각지도 못했던 문제가 생겼습니다. 로즈마리는 중부 지방에서 노지 월동이 불가능하니 플라스틱 화분 그대로 실내 베란다에 들였는데요. 과습을 우려해서 물을 최대한 적게 주었는데도 겨울이 끝날 때쯤 뿌리가 대부분 상해서 가지들이 마르고 하엽이 생겼습니다. 로즈마리의 나이가 네 살쯤 되다 보니 분갈이를 거치며 화분이 좀 커진 것이 문제였나 봅니다. 이듬해 봄, 죽을 위기에 처했던 로즈마리를 밭에 심으니 몇 달 만에 놀라울 정도로 건강하게 회복되었습니다. 이 경험으로 다음 해 겨울은 기능성 플라스틱 슬릿 화분에 로즈마리를 심었습니다. 다행히 겨울을 무사히 나고 건강한 모습으로 봄을 맞이했습니다. 이처럼 식물을 키우는 장소가 옥외인지 실내인지에 따라서도 화분의 크기와 종류를 잘 선택해야 합니다. 로즈마리와 비슷한 환경에서 자라는 식물로 수국, 율마, 애니시다 등이 있습니다.

// 독일카씨 식물 노트 // **로즈마리 건강하게 키우는 방법**

❶ 겨울을 지나 꽃샘추위가 물러가면 로즈마리를 플라스틱 화분에 새 상토로 분갈이하고 옥외에서 키운다.

이 시기가 로즈마리의 제1성장기예요.

❹ 겨울이 되면 실내 베란다에서 월동을 한다.

겨울에도 베란다 온도가 영상이라면 느리지만 조금씩 뿌리가 성장할 거예요. 토분이 플라스틱 화분보다 물 마름이 빠르니 자연히 과습으로부터 안전합니다.

❷ 무더위가 지나고 선선한 가을이 찾아오면 로즈마리를 토분으로 한 번 더 분갈이한다.

봄부터 초가을까지 환경이 잘 맞았다면 화분 속에 로즈마리의 뿌리가 꽉 차 있을 테니, 뿌리를 어느 정도(약 1/3) 정리하고 토분에 옮겨 심어주세요. 가을은 로즈마리의 제2성장기이기 때문이죠.

❸ 서리가 내리기 전인 10월 중순까지는 계속 옥외에 두고 관리한다.

물 마름이 비교적 빠른 토분에 심었지만, 뿌리를 정리했고 날도 선선해서 물을 자주 주지 않아도 될 거예요. 물은 겉흙이 마르면 흠뻑 주세요.

분갈이, 왜 해야 할까?

　화분에서 자라는 식물과 자연에서 자라는 식물에는 차이가 있습니다. 바로 뿌리가 성장할 수 있는 공간의 차이지요. 자연의 땅에 뿌리를 내린 식물들은 특별한 경우가 아니라면 계속해서 뿌리를 뻗어나갑니다. 물론 무한대로 뿌리를 내리는 것은 아니지만, 최대한 많은 뿌리를 사방으로 뻗으며 자라지요. 상한 뿌리는 흙 속의 미생물들에 의해 분해되고 그 자리에 새로운 뿌리가 생기며 오랜 기간 성장합니다.

　하지만 화분 속에 뿌리를 내린 식물들은 상황이 달라요. 뿌리가 자랄 수 있는 공간이 한정되어 있고, 화분 속의 흙은 시간이 지날수록 양분이 소모되고 비료 찌꺼기와 염류 등이 쌓여 식물이 자라기 힘든 환경으로 변합니다. 그래서 화분에 식물을 키울 때는 빈도의 차이가 있지만 분갈이를 통해 새로운 흙을 채우고 상한 뿌리를 정리해주어야 합니다.

　식물을 많이 키워본 베테랑 식물집사라면 연중 어느 때 분갈이를 해도 상관없지만, 초보 식물집사는 식물이 가장 활발하게 성장하는 봄철에 분갈이를 하는 것이 좋습니다. 만물이 깨어나는 4월쯤에는 뿌리 정리나 분갈이하는 과정에서 작은 실수가 있어도 자연의 힘이 도와줄 테니까요.

또 주의할 점 하나는 분갈이를 자주 할수록 잘 자라는 식물이 있고, 오히려 분갈이를 자주 하지 않아야 잘 자라면서 꽃을 피우는 식물이 있다는 것입니다. 대표적으로 로즈마리와 군자란이 있습니다.

분갈이 좋아! ▶ 로즈마리

로즈마리는 뿌리가 상상 이상으로 빨리 자랍니다. 그래서 로즈마리를 화분에 키우면 1년에 두 번 정도 분갈이를 해줘야 하죠. 뿌리가 빨리 자라는 만큼 흙의 영양분도 빨리 흡수해요. 화분 속에 로즈마리의 뿌리가 꽉 찼다면 흙에서 흡수할 수 있는 영양분이 거의 없는 것이에요. 1년에 최소 한 번 정도는 묵은 뿌리를 정리하고 새로운 흙으로 옮겨 심어야 더욱 잘 자랍니다.

분갈이 싫어! ▶ 군자란

군자란은 성장이 느린 식물 중 하나입니다. 1년에 잎사귀가 몇 장 나오지 않고 뿌리도 우동처럼 굵어요. 또한 신기하게도 화분 속에 뿌리가 가득 차야 꽃을 피웁니다. 그래서 군자란은 매년 분갈이할 필요가 없습니다. 보통 2~3년 정도는 한 화분에 둡니다. 군자란을  상토에 심으면 분갈이 후 1년이 되기 전에 흙 속 영양분은 모두 사라집니다. 화분 속에 뿌리를 꽉 채우려면 1년이나 더 있어야 하는데 말이죠. 뿌리에 최대한 상처를 주지 않고 흙만 새로 교체하면 좋은데 이는 고도의 기술이 필요할 뿐 아니라 아주 번거로운 일입니다. 그래서 군자란은 가볍고 사용하기 편한 상토보다 밭흙이나 모래질로 이루어진 자연 상태

의 흙에 심어요. 저도 군자란을 키울 때 밭흙과 상토를 1 : 1 비율로 섞어서 사용했어요. 자연 흙을 함께 사용하면 화분이 조금 무거워지기는 하지만 흙이 오랜 기간 비옥하게 유지되죠. 자연 흙 속에서 상토가 분해되어 영양분이 되거든요. 시간이 지나면서 분해되어 사라진 양만큼 흙이 줄어들면 흙을 다시 채워줍니다(복토).

상토는 분갈이 6개월 후부터 영양분이 고갈될 뿐 아니라 딱딱하게 굳어져서 물을 흡수하는 능력도 많이 떨어집니다. 물을 흠뻑 주어도 상토가 제대로 흡수하지 못하고 화분 밑 물구멍으로 다 흘러내리죠. 자세히 관찰하지 않으면 물을 충분히 주었다고 생각하게 되고 이로 인해 물 부족이 나타날 수 있습니다. 저면관수(底面灌水, 아래부터 물을 주는 것)를 통해 상토를 다시 부드럽게 만들어줄 수 있지만 아무래도 새로운 흙으로 갈아주는 것이 가장 좋습니다.

분갈이할 때 뿌리를 정리해도 될까?

분갈이하면서 뿌리를 정리해주는 바람에 식물이 죽었다고 생각해본 적이 있나요? 식물을 처음 키우는 분들에게는 뿌리를 정리하지 말고 한 단계 더 큰 화분으로 흙과 함께 옮겨 심으라고 말합니다. 하지만 큰 화분에 옮기기 힘든 상황에서는 뿌리를 정리하고 기존 화분에 그대로 심어야겠죠. 이 것을 '흙갈이'라고 합니다. 식물을 키우는 데 어느 정도 노하우가 생긴 분들은 흙갈이도 종종 해보셨을 거예요. 하지만 건강했던 식물이 뿌리 정리를 하고 나서 죽어버린 경험이 한두 번은 있을 겁니다.

이것은 *T/R 비율이 맞지 않아서* 생긴 현상입니다. T/R 비율은 지상부top 와 뿌리root의 비율을 말합니다. 모든 식물이 그런 것은 아니지만 대부분은 뿌리의 양이 흙 위 지상부에 드러나 있는 부분만큼 되어야 건강하게 자랍니다. 지상부와 뿌리의 균형이 맞아야 한다는 것이죠. 산에서 자라는 커다란 나무들도 지상부가 어마어마하게 크다면 뿌리도 그만큼 땅속에 깊고 넓게 뻗어 있는 것입니다.

수목형 식물의 분갈이와 뿌리 정리

▶ 목대가 생기는 로즈마리, 자스민, 올리브나무 등

로즈마리를 오래 키우면 가지도 굵어지고 많이 자라는 데다 잎도 풍성해서 보기 좋겠죠. 그만큼 화분 속에 뿌리도 가득 차게 됩니다. 그런데 로즈마리를 더 큰 화분에 옮길 수 없다면 뿌리를 어느 정도 잘라내고 같은 화분에 다시 심어야 합니다. 이때 물과 양분을 필요로 하는 가지와 잎들은 그대로 풍성한데 뿌리는 절반 정도 잘려나가니 힘들어할 수밖에 없는 것입니다. 이를 '분갈이 몸살'이라

분갈이 몸살 중인 로즈마리의 모습.

고 표현하죠. 분갈이 몸살을 심하게 하는 식물도 있고 그렇지 않은 식물도 있습니다.

그래서 보통은 **뿌리를 정리한 만큼 지상부의 가지도 어느 정도 함께 정리**해주어야 합니다. 정리된 뿌리는 이전에 비해 물과 양분을 많이 흡수하지 못하는데, 그만큼 먹여살려야 할 지상부의 잎과 가지들도 함께 줄어들면 큰 몸살 없이 새로운 흙에 적응하죠. 그리고 지상부의 잎과 줄기도 뿌리가 자라는 만큼 같이 성장합니다.

초화류 식물의 분갈이와 뿌리 정리

▶ 덩굴식물인 스킨답서스, 생장점이 하나로 자라나는 몬스테라와
   필로덴드론 등

초화류 식물은 대체로 분갈이 몸살을 심하게 하는 편은 아니라서 뿌리를 정리하고 지상부를 그대로 놔두어도 큰 문제는 없습니다. 그런데도 가끔 잎이 말린다든지 노랗게 변하기도 합니다. 그럴 때 취할 수 있는 방법은 **빛을 줄여주는 것**입니다. 식물은 빛을 많이 쬐어야 좋을 텐데 줄이라니 의

아한 생각이 들죠? 뿌리를 정리하면 영양분을 흡수할 수 있는 능력도 현저히 떨어집니다. 그래서 뿌리 자체의 회복에 집중할 수 있도록 다른 부위의 성장은 잠시 멈추는 것이 좋습니다. 화분을 빛이 적게 드는 그늘에 두고 신진대사를 저하시키는 것입니다. 대사가 느려진 만큼 뿌리는 에너지를 덜 쓰게 되니까요. **분갈이 후 그늘진 곳에서 요양하는 기간은 대체로 일주일 정도**가 적당합니다. 이후에 햇볕이 잘 드는 곳에 옮겨두면 식물의 모든 부위가 활력을 되찾을 거예요.

한 가지 잊지 말아야 할 것은 햇볕은 부족하더라도 통풍은 잘되어야 한다는 점이에요. 분갈이를 마치고 물을 흠뻑 주면 흙이 굉장히 축축한 상태이기 때문에 자칫 과습으로 새로운 뿌리가 나오기도 전에 더 안 좋아질 수 있으니 주의하세요.

// **독일카씨 식물 노트** //   **'포기 나누기'로도
식물의 몸집을 줄일 수 있어요!**

스파티필름과 같이 여러 촉으로 자라는 식물은 촉이 늘어나서 더 큰 화분으로 옮겨야 할 경우에 포기 나누기로 덩치를 줄일 수 있어요. 포기 나누기는 밑동에 나 있는 여러 개의 줄기나 싹의 일부를 나누어 심는 것을 말합니다.
식물의 촉 수가 많아질수록 뿌리의 양도 많아지므로 화분의 크기도 커져야 합니다. 물론 계속해서 화분의 크기를 키워준다면 더할 나위 없겠지만 한계가 있겠지요. 이런 경우 포기 나누기를 통해 개체수를 늘리면서 식물의 몸집을 줄일 수 있어요.

Water

물

우주 행성을 탐사할 때 물의 흔적을 찾곤 하죠. 그만큼 물은 생물이 살아가는 데 필수적인 요소입니다. 인간은 음식 없이도 평균 3주 정도 생존이 가능하지만, 물 없이는 사흘을 넘기기 힘들다고 알려져 있습니다. 식물도 마찬가지로 물 없이는 살 수 없죠. 그렇다면 식물은 어떤 식으로 물을 필요로 하며, 어떻게 물을 공급하면 더 잘 자랄 수 있는지 알아볼게요.

식재별 물주기 방법이 달라요!

흙과 수태 그리고 바크는 정말 이로운 식재들이지만 물을 줄 때는 그들만의 특성을 잘 파악해야 합니다.

흙(상토)

상토는 보통 겉흙이 말랐을 때 물을 주는 것이 가장 좋습니다. 물론 화분의 크기, 식물의 생육 특성에 따라 화분 속의 흙까지 다 말랐을 때 물을 주어야 하는 경우도 있죠. 어쨌든 흙이 말랐는지를 눈으로 확인하고 물을 주어야 합니다.

상토는 물을 머금고 있을 때 짙은 색을 띠고 수분이 증발하면 밝게 변합니다. 이러한 색감의 변화를 눈으로 확인하고 물을 주는 것이 가장 좋아요. 하지만 화분 속의 흙이 말랐는지를 알려면 손가락으로 흙을 조금 파보아야 합니다.

수태

수태는 물을 주는 시기를 알기가 가장 쉽습니다. 촉감과 색깔로 알 수 있으니까요. 수태는 물이 마르면 손으로 만져보았을 때 딱딱하고 바스락 거리는 소리가 납니다. 수태가 완전히 마르기 전(80% 정도 말랐을 때)에 물을 주어서 수분을 계속 유지하는 것이 좋지만 처음에는 수태가 80% 정도 마른 상태를 확인하기가 굉장히 힘들어요. 그래서 처음에는 물을 주고 나서 완전히 마르기 전에 수태의 질감이 어떤지 관찰해보아야 합니다. 수태가 80% 정도 말랐을 때는 보송보송함과 바삭함의 중간인데, 눈으로 보고 만져보면서 감을 익히는 것입니다.

수태에 키울 때는 물을 한 번에 듬뿍 주고 끝내면 절대 안 됩니다. 수태는 바싹 마르면 물을 한 번에 흡수하지 못해요. 이런 특성을 잘 모르고 한 번만 흠뻑 주고 만다면 겉만 살짝 촉촉해지고 안쪽까지 물이 도달하지 못하는 경우가 많답니다. 안쪽 수태까지 젖도록 천천히 물을 주거나 화분째로 물에 담가 수태가 흠뻑 물을 머금게 해야 합니다.

바크

흙과 수태는 눈으로 보거나 만져봐서 물이 마른 것을 확인할 수 있지만 바크는 물 마름을 확인하기가 굉장히 어려워요. 바크도 껍질 표면에 수분을 어느 정도 저장할 수 있지만 수태에 비해 물이 증발하는 속도가 굉장히 빠릅니다. 젖은 바크와 마른 바크를 비교해보면 역시 색깔 차이가 있습니다. 젖은 바크는 어두운 색이고 마른 바크는 밝은색이지요. 하지만 겉으로 드러난 바크 색깔이 밝다고 화분 안쪽 바크까지 마른 것이 아니기 때문에 큰 화분에 바크로 식물을 키우면 자칫 과습이 올 수 있어요. 반대로 작은 화분에 바크로 식물을 키우면 말라버리는 경우도 있죠.

이런 점에서 바크에 식물을 키우기가 가장 까다롭다고 할 수 있습니다. 바크는 미립부터 대립까지 크기가 다양하고 제조사에 따라 품질 차이가 큽니다. 저렴한 바크는 부산물이 많아 화분 속에서 뿌리와 함께 썩기 쉬워요. 그래서 화단 멀칭용으로는 저렴한 바크를 많이 쓰지만 식물을 직접 키울 때는 숙성 바크를 사용합니다. 큰 화분이든 작은 화분이든 물 주는 시기를 제대로 알 때까지는 항상 바크에 손가락을 넣어 수분을 측정해보는 것이 가장 좋습니다.

화분에 따라 물주기 방법이 달라요!

같은 식물이라도 어떤 화분에 심느냐에 따라 물을 주는 시기가 달라집니다. 물을 좋아하는 식물 중 하나인 커피나무를 예로 들어볼게요. 커피나무는 잔뿌리가 많이 돋아나는 식물로 로즈마리, 율마, 애니시다 등과 함께 물을 정말 좋아하는 식물이에요.

건강하고 크기도 비슷한 커피나무 두 그루를 하나는 토분에, 다른 하나는 플라스틱 화분에 심어봅니다. 화분의 크기도 같고 원예용 상토를 같은 제품으로 같은 양만큼 심어주었어요. 모든 조건이 같고 화분의 재질만 다른 것입니다.

토분은 그 자체로 수분을 흡수하고 증발시키는 기능을 하므로 물 마름이 확실히 빠릅니다. 반면 플라스틱 화분은 흙 표면을 통해서만 수분이 증발합니다. 건강 상태와 크기가 비슷하므로 커피나무 자체가 물을 흡수하는 양은 같겠지요. 하지만 화분 재질의 차이로 물 마름의 시기는 확연히 차이가 납니다. 토분의 흙이 플라스틱 화분보다 훨씬 빨리 마릅니다. 이런 차이를 고려하지 않고 두 화분에 같은 날 같은 양의 물을 주면 둘 중 하나는 문제가 생길 수 있습니다. 토분에 물을 주어야 할 시기에 플라스틱 화분에도 물을 준다면 과습이 오는 것이죠. 반대로 플라스틱 화분에 물을 주어야 할 시기에 맞춘다면 토분 속 커피나무는 물 부족으로 생육이 부진하거나 말라 죽을 수 있어요.

다양한 식물을 키우려면 그에 맞춰 화분의 재질도 달라져야 합니다. 한 가지 재질로 통일성을 주는 것보다 식물의 특성을 고려하는 것이 더 좋겠죠. 화분을 같은 종류로 통일하고 싶다면 식물 특성에 따라 원예용 상토에 물 빠짐이 좋은 식재를 섞어주어 물 마름 시기를 조절합니다. 하지만 이것은 식물 초보에게 꽤 어려운 작업입니다. 식물과 화분에 대한 이해, 그리고 흙 배합과 물주기 방법에 대해 어느 정도 숙지한다면 식물을 죽이는 일은 거의 없을 거예요.

빗물의 비료 효과

봄비는 식물에게 최고의 비료라는 말이 있습니다. 비단 봄비뿐 아니라 빗물에는 식물이 자라는 데 좋은 성분이 함유되어 있지요.

질소 성분

비료의 3대 요소인 질소(N), 인산(P), 칼륨(K) 중 질소가 바로 이 빗물에 녹아들어 있습니다. 공기 중의 유기질소가 번개로 인해 물과 합성되어 질소 성분이 빗물에 녹아드는 것입니다. 그뿐만 아니라 빗물에는 다량의 미량원소와 미네랄도 함유되어 있습니다. 시름시름 앓는 식물을 비 오는 날 밖에 두고 비를 흠뻑 맞히면 놀라울 정도의 회복력을 보인답니다. 특히 아픈 식물은 뿌리가 상한 경우가 많은데 질소 성분의 화학비료를 주면 오히려 뿌리가 더 상하죠. 하지만 빗물 속에 녹아 있는 질소는 자연의 영양소이므로 식물의 뿌리에 무리를 주지 않습니다.

약산성

모든 식물이 그런 것은 아니지만 대부분의 식물은 약산성의 흙에서 가장 왕성하게 생육합니다. 빗물은 산성도를 가늠하는 pH 농도가 5.5에서 6.5 정도로 흙을 약산성으로 만들어줍니다.

산소

마지막으로 빗물에는 다량의 산소가 녹아 있습니다. 공기 중에 있는 산소가 자연스럽게 빗물에 합성되는 것이지요. 빗물에 녹아든 산소가 뿌리에 공급되어 자칫 통기가 되지 않아 상할 수 있는 뿌리를 더욱 튼튼하게 해줍니다. 하지만 오랜 시간이 지난 빗물은 산소가 없고 유기물이 많이 포함되어 있는 만큼 쉽게 변질될 수 있습니다. 빗물을 바로 맞히거나 받아놓은 지 오래되지 않은 빗물을 주는 것이 좋습니다.

수경재배, 평생 해도 괜찮을까?

물만으로 식물을 키우는 것을 수경재배라고 합니다. 식물의 줄기와 잎을 잘라 물에 담가 뿌리를 내리는 물꽂이 또한 넓은 의미에서 수경재배라고 볼 수 있지요. 보통은 뿌리가 어느 정도 돋아나면 흙에 옮겨 심어서 키웁니다. 여기서 과연 수경재배로도 오랜 기간 식물을 건강하게 키울 수 있을지에 대한 의문이 생깁니다. 대답은 '조건부 예스(Yes)'입니다.

맹물만으로는 오랜 기간 건강하게 키울 수가 없어요. 물론 미량의 양분으로도 오랜 기간 살아갈 수 있지만 대부분은 어느 한계점에 도달하면 성장이 멈추거나 잎의 크기가 현저히 작아집니다.

수경재배로 키우기 좋은 식물로 스킨답서스를 살펴볼게요. 줄기를 잘라 물에 꽂아두기만 해도 어느 순간 새로운 뿌리가 자라나고 마디에서 새순이 돋아나죠. 뿌리와 새순이 어느 정도 자라난 스킨답서스를 흙에 심으면 계속 성장합니다. 하지만 수돗물로만 계속 키운다면 잎의 빛깔도 옅어지고 성장 속도도 굉장히 더디며 새로 나오는 잎의 크기도 점점 작아집니다. 식물에게 필요한 3대 영양소인 질소, 인산, 칼륨이 부족하기 때문이죠. 물론 수돗물에도 양분이 소량 들어 있지만 흙보다는 훨씬 적습니다.

그럼 우리가 먹는 수경재배 채소는 어떻게 잘 자란 것일까요? 요즘은 식물에 필요한 각종 양분을 녹인 양액을 물에 첨가해서 키우는 양액재배가 있습니다. 보통 잎채소를 양액재배로 많이 기르지요. 양액재배의 장점은 흙에서 발생할 수 있는 여러 병충해로부터 식물을 보호하고 좁은 공간에서도 많은 양의 식물을 키울 수 있다는 것입니다. 흙으로 식물을 키우면 화분이나 땅에 심어야 하기 때문에 층층이 배치하기가 어렵지요. 하지만 양액재배는 물을 끌어 올릴 수만 있다면 여러 층으로 나누어 재배할 수 있습니다. 다만 시설 시공비가 비싸고 정확한 비율의 양액을 주입해야 하는 번거로움이 있습니다.

물주기 시간대는 언제가 좋을까?

식물에 물을 주는 시간은 보통 키우는 사람의 생활 패턴에 맞추는데 식물의 특성에 맞춰서 물을 주는 시간대를 정하는 것이 좋습니다. 물론 물을 주는 시간대에 따라 식물의 생과 사가 갈리는 것은 아니지만 자칫 발생할 수 있는 작은 문제들을 피할 수 있습니다.

아침에 물을 주는 경우

보통은 아침에 물을 주는 것을 추천합니다. 해가 뜨면 식물이 광합성을 시작하기 때문이지요. 하지만 계절도 고려해야 합니다. 새벽 기온이 영하로 내려가는 겨울을 제외하면 저녁에 물을 주어도 큰 문제는 없어요. 하지만 추위에 약한 식물들은 겨울철 저녁에 물을 주면 새벽 낮은 온도에 물이 얼어 뿌리나 줄기에 냉해를 입을 수 있습니다.

장미와 수국은 여름철 저녁에 물을 주면 잎과 줄기에 남아 있는 수분이 증발되지 않아 곰팡이 혹은 흰가루병이 생길 수 있습니다. 곰팡이성 질병에 취약한 식물들 또한 아침에 물을 주어야 해가 뜬 후 잎과 줄기에 남아 있는 수분이 마를 수 있습니다.

흰가루병이 생긴 장미의 모습.

저녁에 물을 주는 경우

보통의 식물은 낮에 기공을 열어 이산화탄소를 흡수하고 광합성을 하여 성장에 필요한 양분을 만들고 그 과정에서 산소를 발산합니다. 그러나 몇몇 식물은 해가 지고 나서 잎의 기공을 열어 호흡합니다. 캠(CAM) 식물이라고 하는 다육식물, 착생란, 돌나물과의 식물들은 밤에 체내 기공을 열어 광합성에 필요한 이산화탄소CO_2를 흡수하여 저장했다가 해가 뜨면 기공을 닫고 광합성을 합니다. 낮에 소실될 수 있는 수분을 최소화하기 위해 기공을 닫고, 해가 지면 기공을 열어 호흡을 시작하는 것이죠. 이런 식물들은 기공을 열어 호흡하는 저녁에 물을 주어야 충분히 흡수할 수 있습니다. 하지만 캠 식물도 너무 추운 겨울에는 밤에 물 주는 것을 피하는 것이 좋아요.

Light

☀

빛

식물에게 빛이란 인간에게 음식과도 같은 존재입니다. 물과 흙 속의 양분도 중요하지만 빛이 식물을 건강하고 잘 자라게 하는 원동력이자 꽃을 피워내는 열쇠라고 할수 있으니까요. 빛의 강도와 양에 따라 식물의 성장세가 다르고 꽃을 피우는 데 큰차이가 있는 만큼 빛에 대한 이해도가 높다면 식물을 더 건강하게 잘 키울 수 있을거예요.

식물이 스스로 살아가는 방법, 광합성

식물이 생장하는 데 필수인 광합성을 하기 위해서는 햇빛, 물, 공기 중의 이산화탄소가 필요합니다. 따라서 식물의 생존에 없어서는 안 될 것이 바로 햇빛입니다. 식물을 돌볼 때 가장 신경 쓰이는 부분이기도 하죠. 적절한 햇빛을 제공하는 것이 무엇보다 중요합니다.

사람의 기질이 저마다 다르듯이 식물도 특성과 기질이 각각 달라서 햇빛이 정말 많이 필요한 식물이 있는 반면 오히려 강한 햇빛 아래서는 오래 버티지 못하는 식물도 있습니다. 또한 햇빛이 강하든 부족하든 잘 적응하는 식물도 있습니다. 식물의 특성을 단정하기는 어렵지만 일반적인 분류 내에서 빛이 어느 정도 필요한지 알아볼게요.

많은 햇빛이 필요한 식물

로즈마리, 제라늄, 석곡, 다육식물 등 꽃을 피우는 식물은 대부분 햇빛이 많이 필요합니다. 그래서 이들은 옥외에서 키울 때 가장 건강하게 자라며 꽃도 많이 피우고 색깔도 선명합니다.

중간 정도의 햇빛이 필요한 식물

대부분 관엽식물과 실내식물이 해당됩니다.

빛이 부족해도 잘 크는 식물

이끼류와 스킨답서스, 제주애기모람 등 습한 환경을 좋아하는 식물들
입니다. 하지만 빛이 부족해도 큰 문제 없이 생육하는 것뿐이지 빛이 전혀
들지 않는 곳에서는 건강하게 자랄 수 없어요.

어느 곳에서든 잘 자라는 식물

고무나무는 어느 곳이든 비교적 잘 적응합니다. 인도고무나무, 멜라니고무나무, 뱅갈고무나무, 수채화고무나무, 벤자민고무나무, 떡갈잎고무나무 등 다양한 품종이 있습니다. 원산지에서는 어마어마한 크기로 자라지만 우리나라에서는 주로 실내 관엽식물로 키우죠. 고무나무는 품종이 다양한 만큼 원산지도 넓게 분포되어 있습니다. 인도, 남아시아, 동남아시아, 서아프리카, 북호주 등을 비롯해 우리나라의 제주도와 남부지방에도 고무나무에 속하는 뽕나무과 나무들이 있습니다. 원산지가 대부분 따뜻한 지역이기 때문에 추운 겨울은 버티기 힘드니 우리나라에서는 대부분 실내 식물로 키우는 것입니다.

하지만 실내에서 키우던 고무나무도 봄부터 가을까지 옥외 재배를 하면 목대가 훨씬 굵어지고 잎도 커지며 광택도 좋습니다. 옥외 재배를 할 때는 주의할 점이 하나 있어요. 바로 햇빛 적응기를 가져야 한다는 것입니다. 겨우내 실내에서 월동한 고무나무를 이듬해 봄에 바로 해가 많이 드는 노지에 내놓으면 잎이 타는 현상이 발생합니다. 처음 일주일 정도는 야외의 그늘에서 햇빛에 서서히 적응시킨 다음 햇빛이 많이 드는 곳으로 천천히 옮겨주어야 합니다.

실내에서도 식물이 잘 자랄 수 있을까?

해가 잘 드는 베란다 창가를 믿지 마세요!

보통 햇빛이 많이 필요한 식물들을 베란다 창가에 두고 키웁니다. 하지만 뭔가 부족하게 느껴질 수 있어요. 로즈마리를 베란다에서 햇빛이 가장 잘 드는 곳에 두어도 웃자라거나 풍성하게 자라지 않는 경우가 많지요. 제라늄 또한 햇볕 좋은 베란다에서 키워도 종종 웃자라기도 합니다.

이것은 베란다 창호 때문입니다. 오래된 건물은 그나마 나은 편이지만 요즘은 이중창을 많이 사용합니다. 유리창 하나만으로도 엄청난 차광 효과가 있는데, 하물며 이중이라면 빛을 더 많이 차단하겠죠. 우리가 보기에는 창을 통해 들어오는 햇볕이 꽤 강해 보여서 어떤 식물을 두어도 잘 자랄 것 같죠. 하지만 사실 창을 통과하면서 빛의 강두가 많이 약해지기 때문에 베란다에 두어도 잘 자라지 못하는 것입니다.

햇볕이 정말 많이 필요한 식물은 화분걸이대를 사용해서 햇볕을 바로 쬐거나 잠시라도 실외에 두는 것이 좋습니다. 현대 주거 환경의 변화에 따라 햇빛이 많이 필요한 식물들을 위한 '키핑장'이라는 새로운 공간이 생겨나고 있습니다. 키핑장은 식물이 성장하기에 최적의 환경으로 하우스를 만들어 공간을 대여해주는 곳입니다. 특히 마니아가 많은 다육식물, 제라늄의 수요가 크죠. 주말농장처럼 전문 시설에 나의 식물을 가져다 놓고 키우며 자주 들러서 관리하는 것입니다. 아끼는 식물을 키우기에 부족한 환경이라면 키핑장을 활용해보는 것도 좋습니다.

키핑장 풍경.

해가 전혀 들지 않는 실내 어두운 곳에서도 잘 자랄까?

햇빛이 부족해도 잘 자라는 스킨답서스를 빛이 거의 들지 않는 화장실에서 오랜 기간 키운 적이 있습니다. 처음 한두 달은 아무 문제 없이 자라던 스킨답서스들이 4~5개월 정도 지나자 성장이 둔화되기 시작했습니다. 그러다 1년이 채 되기도 전에 완전히 성장을 멈추고 잎이 떨어졌죠. 햇볕이 거의 들지 않는 동굴 같은 곳에서 서식하는 이끼류를 제외하고 식물이 성장하는 데 빛은 필수 요건입니다.

열대우림의 우거진 나무 아래 살아가는 식물들은 빛이 부족한 곳에서 키워도 된다고 생각하죠. 하지만 열대우림에서 큰 나무 아래 그늘진 곳이라 하더라도 햇볕이 들지 않는 실내보다는 광량이 훨씬 많습니다. 야외의 그늘진 곳이라도 햇볕을 간접적으로 받는다면 어두운 실내보다 훨씬 빛이 강합니다.

이처럼 빛과 식물은 떼려야 뗄 수 없는 관계입니다. 식물을 키우는 데 가장 필요한 것이 관찰력이라고 생각합니다. 하지만 어떤 식물이 빛을 많이 필요로 하는지를 하나하나 알기는 어려워요. 본인이 키우는 식물을 관찰하면서 웃자란다거나 꽃이 잘 피지 못할 때 빛의 세기를 조절해준다면 식물을 조금 더 예쁘고 건강하게 키울 수 있을 거예요.

식물등, 얼마나 효과 있을까?

처음 식물등을 사용할 때만 해도 효과가 미미할 거라고 생각했어요. 아무리 현대 기술이 발전했다 한들 자연의 조건을 따라갈 수 없으니까요. 저는 아파트 남향 베란다에서 식물을 키웁니다. 한여름을 제외하면 베란다 전체에 햇빛이 잘 들어오죠. 처음 유튜브를 시작할 때만 해도 저의 식물 생활은 모두 베란다에서 이루어졌습니다. 그 당시 유행하기 시작한 희귀 식물 중 필로덴드론을 모으기 시작했어요. 가격도 비싸고 큰 개체는 구하기도 힘들어 정말 작은 유묘들이나 삽수(번식하기 위해 잎이나 줄기를 자른 식물체)로 시작했죠. 그런데 1년여가 지나자 작디작던 아기 식물들의 덩치가 순식간에 커져버렸습니다. 더 이상 베란다에서 모든 식물들을 키울 수 없게 된 것이죠. 부득이 몇몇 덩치가 커진 식물들은 비교적 공간이 넓은 거실로 들였는데, 이것이 우리 집 거실 정원의 시작입니다.

2020년 10월경 첫 책《식물이 아프면 찾아오세요》의 원고가 거의 마무리될 즈음이었어요. 여러 식물들이 거실로 들어오면서 햇볕이 부족할까 봐 식물등을 하나둘 설치하기 시작했습니다. 물론 햇빛이 강한 날은 거실까지 볕이 들지만 베란다 바깥쪽 이중창을 통과하고 거실과 베란다 사이에 있는 창을 또 한 번 통과한 햇빛은 사실 식물에게 큰 영향을 미치지 못합니다. 식물등을 사용한 지 2년이 지난 지금, 점점 넓어지는 거실 정원의 식물들은 무럭무럭 자라고 있습니다. 그것을 보고 '식물등은 분명 효과 있다'고 생각했습니다. 물론 제조사에 따라 빛의 강도나 효과 차이가 있으니 단언하기 힘들지만 건강하게 자라는 것은 분명합니다. 햇볕이 잘 드는 베란다조차 광량이 부족하여 웃자라거나 수형이 흐트러지는 식물들을 종종 볼 수 있습니다. 예를 들어 로즈마리나 율마, 사랑초 등이에요. 강한 햇빛을 필요로 하는 식물들은 햇볕이 잘 드는 베란다에서도 성장이 더딥니다. 그래서 야외 정원의 직광 아래 두거나 아파트는 화분걸이대에 놓고 직광을 쬐어주기도 합니다.

이런 식물들은 식물등 아래서도 최상의 성장을 하지는 않아요. 사랑초

는 식물등 아래 두었을 때 직광을 쬐어 키운 것과 거의 비슷한 효과가 있었습니다. 하지만 키가 어느 정도 큰 로즈마리나 율마는 최고의 성장 효과를 내려면 식물등 하나에 화분 하나를 두어 집중적으로 빛을 쬐어주어야 합니다. 식물등과 식물의 거리도 제조사마다 다르지만 50cm~1m 정도로 맞춰주어야 하죠. 하지만 이렇게 키우기에는 가성비가 맞지 않습니다. 직광이 필요하지 않은 일반적인 관엽식물이나 반음지에서 잘 자라는 식물들은 거실 정원에 식물등 몇 개만 두어도 최상의 효과를 볼 수 있습니다.

식물등도 여러 가지가 있는데, 흔히 볼 수 있는 전구 모양의 식물등은 천장에 설치하거나 스탠드에 전구를 끼워서 사용합니다. 몇 년 전 처음 식물등이 나왔을 때는 식물에 필요한 빛의 파장을 재현하느라 색깔이 굉장히 이상했어요. 실내 인테리어에 어울리지 않는 붉은빛이 굉장히 부담스러웠죠. 실제로 지인 중 한 명은 그런 식물등을 켜두었더니 이웃 사람이 수상한 집이라고 신고해서 조사를 나온 적도 있다고 합니다. 요즘은 일반 형광등처럼 주광색이나 전구색도 나옵니다.

작은 식물들에 맞춰서 부착형 바bar 형태의 식물등도 있습니다. 선반 밑에 식물등을 설치하고 그 아래 작은 화분들을 놓고 키우기에 적합합니다. 식물등은 아직까지 파장이 먼 곳까지 미치지 못해 최대한 가까이 두어야 효과적입니다.

요즘은 선풍기 날개처럼 빛을 여러 곳으로 분산할 수 있는 식물등이 나오기도 하고, 사무실 책상 위에 작은 식물을 키울 때 적합한 작은 스탠드형 식물등도 볼 수 있습니다. LED 전구를 사용하여 전기세 부담도 크지 않지만 가정의 누진세율에 따라 달라질 수 있으니 주의하세요. 전구의 수명도 생각보다 길어서 하루 8~10시간 정도 켜둔다면 3~5년까지 사용할 수 있다고 합니다. 그리고 빛이 밝아서 사진 찍을 때도 굉장히 유용하죠.

다만 식물등은 일반 전구에 비해 가격이 비싸 대량으로 구매하기에 부담스러워요. 저는 여유가 될 때마다 한두 개씩 사서 거실 정원의 조명을 업그레이드하고 있답니다. 식물등 아래서 키우는 식물들의 성장을 기록하고 있으니, 조금 더 시간이 지나면 더욱 객관적이고 정확한 식물등 이야기를 들려드릴 수 있을 거예요.

양지와 음지, 도대체 기준이 뭐길래?

식물의 생태에 대한 기본 정보를 이야기할 때 가장 많이 들어본 것이 바로 양지와 음지일 거예요. '이 식물은 양지에서 키워야 합니다', '이 식물은 음지에서도 잘 자라요' 같은 것들이죠. 앞서 이야기했듯이 식물에 따라 필요한 빛의 양이 다르기 때문이에요.

이때 가장 고민되는 것이 양지와 음지의 기준입니다. 특히 그저 해가 잘 드는 창가를 양지라고 생각하기 쉽지만, 사실 창을 통과한 빛이 드는 장소는 식물에게 필요한 진짜 양지라고 말하기 어렵습니다. 정확히 수치화할 수 있는 부분이 아니기 때문에 사람마다 기준이 조금씩 다를 수 있지만, 제가 생각하는 양지와 음지의 기준을 이야기해볼게요.

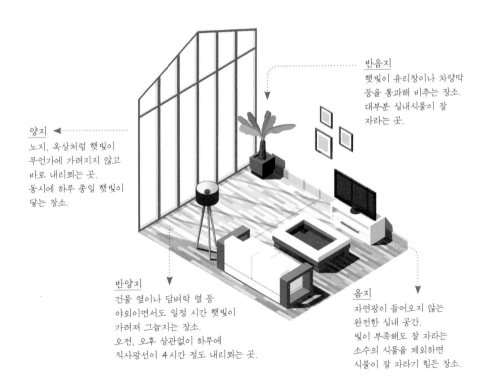

반음지
햇빛이 유리창이나 차양막 등을 통과해 비추는 장소. 대부분 실내식물이 잘 자라는 곳.

양지
노지, 옥상처럼 햇빛이 무언가에 가려지지 않고 바로 내리쬐는 곳. 동시에 하루 종일 햇빛이 닿는 장소.

반양지
건물 옆이나 담벼락 옆 등 야외이면서도 일정 시간 햇빛이 가려져 그늘지는 장소. 오전, 오후 상관없이 하루에 직사광선이 4시간 정도 내리쬐는 곳.

음지
자연광이 들어오지 않는 완전한 실내 공간. 빛이 부족해도 잘 자라는 소수의 식물을 제외하면 식물이 잘 자라기 힘든 장소.

Wind

〰

바람

바람에 대해서는 식물집사들이 간과하는 부분이 있어요. 크게 바람으로 보지만 식
물이 자라는 곳의 통기, 통풍, 공기 순환이라고 할 수 있습니다. 바람은 식물의 생장
에 필수적인 요소는 아니지만, 결코 무시해서는 안 됩니다. 통풍 환경에 따라 식물의
생명이 좌우되기도 하고, 바람을 어느 정도로 통제하느냐에 따라 식물의 성장세가
달라지기도 합니다. 쉽게 생각하기엔 너무나 큰 존재인 바람에 대해 자세히 알아볼
까요.

통풍이 중요한 이유

식물을 키우는 데 통풍, 즉 환기는 굉장히 중요한 요소입니다. 하지만 많은 식물집사들은 물주기와 빛에 신경 쓰느라 환기를 놓치는 경우가 굉장히 많아요. 통풍이 좋지 않은 실내에서 식물을 키우면 몇 가지 문제점이 나타납니다.

식물의 면역력 약화

실내에 식물이 많은 경우 먼저 집 안의 산소 농도가 짙어지죠. 식물은 이산화탄소를 흡수하고 산소를 배출하는 광합성 작용으로 살아갑니다. 배출한 산소는 많아지고 흡수할 수 있는 이산화탄소 양은 줄어들면 식물의 면역력이 약해질 수밖에 없습니다.

당액 배출로 인한 불순물 축적

몇몇 식물은 잎의 기공을 통해 호흡할 때 수분도 함께 배출합니다. 수분과 함께 끈적한 당액을 배출하는 식물들도 많고요. 당액은 착생란인 카틀레야, 필로덴드론 등에서 볼 수 있으며, 식물이 스스로를 보호하기 위한 수단이라고 할 수 있어요. 당분을 좋아하며 진딧물의 천적으로 유명한 개미를 유인하기 위해서입니다. 당액으로 개미를 유인해서 자신에게 붙어 있는 진딧물을 잡아먹게 하려는 것이죠. 환기되지 않은 곳에서는 수분과 당액을 배출한 식물의 표면에 미세먼지를 비롯한 불순물들이 많이 쌓여서 잎 자체가 노랗게 병들어 떨어질 수 있습니다.

해충 발생

통풍이 좋지 않아 공기가 정체되어 있으면 해충이 살기 좋은 환경이 됩니다. 습도는 올라가고 바람이라는 저항이 적으므로 깍지벌레, 진딧물 등의 해충이 기하급수적으로 늘어나게 되지요. 면역력이 약해진 상태에서 해충의 습격을 받으면 식물이 정말 아파하겠지요?

식물 수정의 어려움

모든 식물에 해당하는 것은 아니지만 씨앗을 맺어 번식해야 하는 식물은 수정에 어려움이 생길 수 있습니다. 꽃을 수분 방법에 따라 충매화, 풍매화, 수매화, 조매화로 구분합니다. 그중 바람에 의해 자연스럽게 수정되는 것이 풍매화입니다. 통기가 불량하면 풍매화의 수정률이 많이 떨어지겠죠. 물론 종자 번식을 목적으로 키우는 게 아니라면 큰 문제 없지만 통풍은 식물의 번식에도 영향을 미칠 정도로 중요합니다.

// 독일카쎄 식물 노트 //   **수분 방법에 따른 꽃의 분류**

꽃의 분류 방법 중 하나로, 어떤 식물이 반드시 어디에 해당한다고 할 수는 없습니다. 충매화이면서 풍매화인 식물도 있고, 수매화이면서 풍매화인 식물도 있습니다.

▶ **충매화 :** 벌, 나비, 나방 등 곤충이 꽃가루를 묻혀 운반해서 수분이 이루어지는 꽃. 보통 꽃이 아름답고 향기가 진하다. 장미, 복숭아꽃, 호박꽃 등이 해당한다.
▶ **풍매화 :** 화분이 바람에 운반되어 수분 및 수정이 이루어지는 꽃. 곤충을 유인할 필요가 없으므로 향이나 색이 진하지 않다. 침엽수, 버드나무과에서 많이 볼 수 있다.
▶ **수매화 :** 수생식물에서 많이 보이며, 화분이 물속에 흩어져서 수분되는 것도 있고, 암꽃이 물 밑에서 피고 화분이 가라앉으면 수분되는 형태도 있다.
▶ **조매화 :** 새에 의해 꽃가루가 운반되는 꽃으로, 새가 꿀을 빨기 좋은 구조이다. 동백나무의 꽃가루를 동박새가 옮긴다고 알려져 있다.

계절에 따른 환기 관리

　　최근 열대 관엽식물의 인기가 높아지면서 집 베란다나 방 자체를 온실 처럼 꾸미는 사람들이 늘어났어요. 그 정도는 아니더라도 작은 미니 온실 을 두는 사람들도 많습니다. 온실을 만드는 이유는 열대 관엽식물이 살아 가기 적합한 고온 다습한 환경을 만들어주기 위해서입니다. 하지만 통풍도 중요하기에 온실에는 필수적으로 환기 팬을 달아주어야 합니다. 앞서 말했 듯이 통풍이 안 좋으면 여러 가지 문제가 생겨요. 특히 열대 관엽식물은 온 도가 높으면 새로 돋는 연약한 잎에 물이 고이고 그 부분이 물러서 상하는 경우가 굉장히 많아요. 이런 문제점들을 경험하고 나면 환기가 필수라는 것을 알게 되죠.

　　비단 열대 관엽식물뿐 아니라 모든 식물은 환기가 중요합니다. 우리 집 은 베란다가 있는 오래된 아파트인데 날씨가 따뜻해지는 4월부터 첫 서리 가 내리기 전인 10월까지 베란다 창문을 활짝 열어둡니다. 물론 저는 식물 집사이자 식물덕후이며 혼자 살기에 가능한 일이지요. 요즘은 미세먼지 걱 정도 해야 하고 소음도 신경 써야 하니 쉽지 않은 일입니다. 많은 사람들이 유독 우리 집 식물이 크고 건강해 보이는 이유를 항상 궁금해하는데, 여러

이유가 있겠지만 통풍이 꽤 큰 요인이라고 생각합니다. 심지어 태풍급 비바람이 치지 않는 한 비 오는 날에도 베란다 창문을 활짝 열어두거든요.

마당에 심어놓은 식물들이 실내에서 키우는 식물에 비해 병충해가 적고 빨리 성장하는 것도 여러 가지 요인 중에 통풍이 큰 부분을 차지한다고 생각합니다. 물론 마당에 심은 식물은 흙속에 포함된 양분을 한껏 빨아들이고 뿌리도 많이 뻗을 수 있는 데다 양분이 풍부한 빗물도 맞으니 쑥쑥 자랄 수밖에 없죠. 더구나 마당은 늘 바람이 부니 실내보다 해충의 습격이 적은 것 같아요.

날씨가 온화하고 식물이 성장하기 좋은 봄과 가을철에는 실내에서 키우는 식물에 물을 자주 주어도 과습으로 인한 피해가 많지 않지만, 너무 습한 여름철, 물이 잘 마르지 않는 겨울철에는 과습으로 식물이 죽는 경우가 굉장히 많아요. 따라서 이런 모든 경우들을 대비하기 위해 겨울과 여름에는 특히 더 통풍에 신경 써야 합니다.

겨울철 환기

봄부터 늦가을까지는 대부분 창을 열어둔다고 했는데, 그렇다면 11월부터 3월까지 5개월간은 어떻게 환기할까요? 저는 나 한 몸 춥더라도 식물을 위해 적어도 12시간 정도는 서큘레이터를 틀어놓습니다. 종종 식물 전용 서큘레이터를 사용하느냐고 물어보시는데 일반 서큘레이터를 쓰고 있어요. 물론 선풍기를 틀어놓아도 충분히 통기 효과를 볼 수 있어요.

똑같이 바람을 앞으로 내보내는데, 두 기계의 차이점은 뭘까요? 서큘레이터는 선풍기와 같은 원리로 날개를 돌려 바람을 생성하지만 날개의 개수와 각도 등에 의해 선풍기보다 바람을 조금 더 멀리까지 보낼 수 있습니다. 그런 이유로 넓은 공간에서는 선풍기보다 서큘레이터가 더 좋다고 해요. 밀폐된 실내 공간에서 서큘레이터를 가동하면 공기의 순환은 이루어지지만, 식물은 항상 신선한 공기가 필요합니다. 따라서 겨울철에도 햇빛이 좋고 맑은 날 정오 즈음 창문을 열어서 환기해야 합니다.

겨울철에 환기가 제대로 이루어지지 않으면 최악의 해충인 응애의 습격을 받기 쉬워요. 겨울에는 난방을 하기 때문에 실내 습도 자체가 굉장히 낮은 상태입니다. 바람이 불지 않고 건조한 날씨에 창궐하기 쉬운 응애는 가을과 겨울에 많이 발생합니다. 이때 환기를 소홀히 하면 응애의 습격을 받을 확률이 높아지는 것이죠.

겨울철 베란다 벽에 생긴
까만 곰팡이.

겨울에는 까만 곰팡이가 베란다 벽에 많이 생기는 시기이기도 합니다. 이 또한 환기와 통풍이 제대로 이루어지지 않아서입니다. 저는 겨울철 베란다 공기를 따뜻하게 해주기 위해 거실과 베란다 사이의 창문을 열어놓습니다. 바깥 공기는 굉장히 차갑고 베란다 안쪽 공기는 따뜻해서 결로가 많이 생깁니다. 서큘레이터를 최대한 가동해도 곰팡이의 습격을 막기에는 역부족이었어요. 충분히 환기하고 결로로 인한 습기를 잘 말려주어야 합니다.

여름철 환기

습한 여름, 특히 장마철에는 겨울철 못지않게 환기와 통풍에 더욱 신경 써야 합니다. 제라늄, 다육식물 등은 장마철 줄기에 무름병이 오기 쉽고, 수국, 장미 등은 흰가루병이 잘 찾아오죠.

제라늄 마니아들 중에는 고온다습한 환경에서 제라늄을 지켜내기 위해 에어컨을 수시로 가동하여 온도와 습도를 낮춰주는 분들도 있다고 해요. 제라늄에게 무름병은 굉장히 무서운 병입니다. 여러 균들이 줄기로 침투해 식물 전체로 퍼져나가기 때문에 초기에 발견하고 조치하지 않으면 한 번에 고사할 위험이 있어요. 또한 흰가루병 같은 곰팡이성 질병도 환기와 통풍이 되지 않을 때 잘 번식하고 식물을 덮치기 쉬워요. 물론 식물살균제나 락스 희석액 등으로 방제할 수 있지만 애초에 생기지 않으려면 환기가 중요합니다.

실내 간접풍, 서큘레이터 사용법

　많은 분들이 선풍기나 서큘레이터의 세기를 어느 정도로 해야 좋은지 물어봅니다. 저는 상황에 따라 여러 세기로 서큘레이터를 틀어보았어요. 평소에는 약하게 틀다가 통기를 많이 하고 싶을 때는 강풍으로 합니다. 서큘레이터를 켜두면 흙 표면으로 수분이 증발해서 화분 속 흙이 빨리 말라 과습을 방지할 수 있습니다.

　하지만 경험상 아주 강한 바람은 오히려 안 좋을 수 있어요. 가벼운 화분이 선반에서 떨어져 깨지는 경우도 많고, 연약한 식물의 줄기가 부러지기도 쉬워요. 특히 식물의 여린 새순은 조금만 강한 바람에도 휘거나 부러질 수 있습니다. 매일 정해진 시간에 식물이 바람에 세게 흔들리지 않을 정도의 세기로 가동하는 것이 바람직합니다.

// 독일카씨 식물 노트 // 이런 서큘레이터 어디 없나요?

기술이 발전하면서 서큘레이터도 전자식으로 바뀌었습니다. 바람의 세기, 시간 예약, 지속 시간 설정 등 편리한 기능들이 많이 탑재되어 있죠. 그런데 식물집사들에게는 전자식이 더 고역입니다. 바로 타이머 때문입니다. 어느 정도 내공이 쌓인 식물집사는 부족한 빛을 보충하기 위해 식물등을 켜두고 서큘레이터도 몇 대씩 틀어놓는 경우가 많습니다. 식물등은 타이머로 충분히 켜고 끄기가 가능하지만 전자식 서큘레이터는 불가능합니다. 가령 식물등은 오전 8시에 켜서 오후 8시에 끄도록 설정하면 매일 시간에 맞춰서 켜고 끄기를 반복합니다. 하지만 전자식 서큘레이터는 타이머로 꺼지기는 하는데 그다음 날 자동으로 다시 켜지지는 않아요. 그래서 저는 여름에 정말 바쁠 때는 버튼식 선풍기를 타이머에 연결해서 사용합니다. 약풍으로 켜놓고 타이머를 이용해 켰다 껐다 반복하는 것이죠. 전자식 서큘레이터에도 타이머를 연결하여 자동으로 켜고 끌 수 있다면 식물집사들에게 큰 도움이 되지 않을까요?

Vermin

해충

초보 식물집사들은 식물을 키우다 처음 해충을 만나면 많이 놀라고 걱정합니다. 하지만 오랫동안 식물집사 생활을 이어가다 보면 "아, 또 왔구나!" 하며 편안하게 넘길 수 있을 거예요. 예방과 방제에 힘을 쓰는 베테랑 식물집사라고 하더라도 언젠가 꼭 한 번은 만나게 되어 있으니까요. 너무 겁내지 말고 예방법과 방제법을 익혀두면 쉽게 해충을 퇴치할 수 있습니다. 하지만 영원한 퇴치는 없다는 점을 잊지 말아주세요.

식물을 키우며 만나는 해충 3대장

실내에서 식물을 키우다 보면 언젠가 한 번쯤은 해충을 만나게 됩니다. 가장 흔히 볼 수 있는 것이 진딧물일 텐데요. 여기서는 진딧물보다 더 퇴치하기 힘든 해충들을 소개하려고 해요. 제가 가장 싫어하는 해충이기도 하고 그만큼 가장 만나기 쉬운 3대장을 소개할게요.

깍지벌레

깍지벌레는 '개각충'이라는 이름으로도 알려져 있습니다. 가루깍지벌레, 이세리아깍지벌레 등 다양한 종류가 있는데, 그중 하얀 솜같이 생긴 솜깍지벌레가 제일 악질입니다. 한번 생기면 무서운 속도로 번지고 식물체의 즙을 흡입하고 끈적한 배설물을 남기죠. 그래서 솜깍지벌레가 창궐한 식물은 잎 뒷면이나 가지 사이사이에 하얀 솜 같은 것들이 보이고 손으로 만져보면 끈적끈적합니다.

> **방제법** 솜깍지벌레는 금방 다른 식물로 번지지만 **깍지벌레 퇴치제**를 사용하면 쉽게 박멸됩니다. 화학 농약에 거부감이 있다면 **난황유**를 뿌려도 큰 효과를 볼 수 있어요.

뿌리파리

뿌리파리는 화초 주변을 서성이며 날아다니는 작은 날벌레입니다. 성체가 되면 식물에 큰 해를 주지 않지만 애벌레 상태에서는 식물의 뿌리에 붙어 즙을 흡입하고 나중에는 화분 속 흙에 알을 낳아 번식하며 다시 퍼질 수 있기 때문에 미리 방제하는 것이 좋습니다.

> **방제법** 뿌리파리가 보인다고 해서 식물이 당장 죽을 정도로 큰 피해를 주지는 않지만 거실에 작은 날벌레들이 보이면 정말 신경 쓰인답니다. **뿌리파리도 전용 토**

양 살충제를 뿌리면 쉽게 박멸할 수 있어요. 민간요법으로 주방세제나 비누를 물에 풀어서 뿌려도 되지만 자칫 식물 자체가 고사할 수 있어서 추천하지 않아요.

약을 사용하지 않고 식충식물을 활용해 뿌리파리를 방제할 수도 있습니다. 바로 **끈끈이주걱**이나 **벌레잡이 제비꽃**을 몇 개 키우는 거예요. 저는 벌레잡이제비꽃을 키우고 있는데 잎에 뿌리파리의 성체들이 붙어서 죽어요. 그렇게 되면 알을 낳지 못하고 죽는 뿌리파리들이 많아지고, 성충이 된 후 바로 식충식물에게 먹히는 과정들이 반복되면 시간은 걸리지만 결국 사라집니다. 우리 집에서 사멸되는 것이지요. 벌레잡이제비꽃은 정말 강력하게 추천하는 뿌리파리 제거 식물입니다.

* 벌레잡이제비꽃에 대한 자세한 내용은 p.116 참고

응애

정말 악질 중에 악질이 바로 응애입니다. 식물에 하얀 거미줄 같은 게 보이고 깨알보다 작은 점들이 움직인다면 그것이 바로 응애입니다. 거미과 곤충으로 거미줄을 치는데, 곤충을 잡아먹는 큰 거미들과 달리 식물의 즙을 빨아 먹으며 살아갑니다. 응애는 방치하면 한순간에 식물을 고사시키는 무서운 해충입니다. 다른 해충들과 달리 살충제에 대한 내성이 있어

서 방제와 퇴치가 힘듭니다.

응애는 건조하고 통기가 불량한 환경에서 잘 번성합니다. 그래서 가을과 겨울 사이에 응애가 폭발적으로 증가하죠. 겨울은 보일러를 틀기 때문에 집 안의 습도가 떨어지는 데다 춥다고 환기하지 않으면 식물들의 성장도 둔화되어 물을 주는 간격도 길어집니다. 응애가 살기에 이만한 환경도 없죠.

(방제법) 초반에는 물 샤워만으로도 쉽게 제거되지만, 많이 번지면 **응애 퇴치제**를 뿌려야 합니다. 그런데 응애는 약에 내성이 있어서 보통 농원에서는 해가 바뀌면 성분이 다른 약으로 바꿉니다. 게다가 응애뿐 아니라 많은 해충의 알 껍데기는 살충제가 침투하지 못한다고 해요. 물론 요즘에는 해충의 알까지 박멸하는 약도 있고, 살충제에 쉽게 무너지는 알 껍데기도 있습니다. 응애 퇴치제는 식물 전체에 살포한 후 일주일 뒤 한 번 더 약을 치는 것이 일반적이에요. 아직 살아 있는 성충도 제거하고 4~5일 후 알에서 깨어난 유충을 잡기 위해서랍니다.

하지만 이 무시무시한 응애도 약 없이 박멸하는 방법이 있습니다. 바로 응애의 천적인 *이리응애*를 풀어주는 거예요. 응애를 잡아먹는 응애로 독일 회사에서 판매합니다. 물론 우리나라에서도 구입할 수 있답니다. 티백 같은 것에 들어 있는 이리응애를 응애가 창궐한 식물에 걸어두면 응애들을 다 잡아먹는답니다. 꽤 좋은 친환경 퇴치법이긴 한데 약간 징그러워서 거부감이 생길 수 있어요.

진딧물에 특효인 난황유

난황유는 식용유를 달걀노른자로 유화시켜 만든 천연 살충제입니다. 해충에 기름막을 형성해서 질식사시키는 원리라고 할 수 있어요. 흰가루병, 응애, 총채벌레, 특히 진딧물에 굉장히 효과적이고 가정에서 사용하기 좋아요. 집에 노약자가 있거나 화학 살충제에 대한 거부감이 있는 경우에 좋은 유기농 약제예요. 해충이 심하게 창궐했다면 난황유로 완벽하게 방제하기 힘들지만 조금 생겼다면 충분히 효과를 볼 수 있답니다.

난황유 만드는 방법

준비물 :

물 + 달걀 1개 + 식용유 + 믹서

*식용유 종류는 불포화지방산이 많아 식물에 해가 적은 해바라기씨유나 유채씨유가 좋다.

❶ 달걀노른자를 분리하여 믹서에 넣고 5분 이상 갈아줍니다. 필요에 따라 소량의 물을 첨가합니다. *믹서가 없으면 페트병에 넣고 2~3분간 세차게 흔들어주세요.

❷ 달걀노른자에 식용유를 첨가하여 다시 5분 이상 갈아줍니다.

❸ 난황유 원액과 물을 1:20 비율로 희석해서 식물에 충분한 양을 살포합니다.

식용유와 달걀노른자 비율

	예방 목적	치료 목적
식용유	60㎖	100㎖
달걀노른자	1개	1개

난황유는 해충에 기름막을 씌워서 퇴치하는데 기름막이 완벽하게 덮이지 않을 수 있으니 보통 일주일 간격으로 세 번 정도 뿌려주면 좋아요. 자칫 식물의 잎에도 기름막이 덮여 호흡을 못 할 수도 있으니 난황유를 뿌리고 2~3일 후 물 샤워를 한 번 해주세요.

만들기도 편하고 화학 성분이 없어서 안전한 난황유이지만 한 가지 단점이 있다면 달걀 비린내가 많이 날 수 있다는 것입니다. 이를 보완하기 위해 요즘은 마요네즈를 물에 희석해서 사용하는 분들도 많답니다. 마요네즈 자체가 식용유와 달걀노른자를 초고속으로 섞은 것이니까요. 달걀과 식용유가 완벽하게 섞여 있기 때문에 수제 난황유에 비해 비린내가 덜하지요. 물 1ℓ에 마요네즈 1스푼가량 넣어 잘 섞으면 됩니다.

난황유를 한 번 만들어두면 언제까지 사용할 수 있느냐는 질문도 굉장히 많이 받는데요. 냉장 보관할 경우 한 달까지는 문제없이 사용할 수 있습니다. 난황유에서 역한 냄새가 난다면 한 달이 되지 않았더라도 사용하지 않는 것이 좋아요.

곰팡이성 병해에는 살균제를!

식물을 키우다 보면 살아 움직이는 해충뿐 아니라 곰팡이성 질병을 만나는 경우도 굉장히 많아요. 바로 흰가루병과 토양에 피는 곰팡이입니다. 특히 장미와 수국은 바람이 잘 통하지 않는 환경에서 키우다 보면 잎에 하얀 분진 같은 것들이 생기는데 이것이 바로 흰가루병이에요. 흰가루병은 해충이 아닌 곰팡이가 핀 것이기에 해충약보다 **_살균제로 방제와 예방_**을 할 수 있어요.

시중에 식물 살균제가 나오기는 하지만 가정에서 사용하기에는 용량이 너무 많고 비싸서 조금 생긴 흰가루병을 방제하려고 구매하기에는 조금 부담이 됩니다. 이럴 때는 **_욕실 곰팡이 제거제_**로 흰가루병을 잡을 수 있습니다.

500㎖ 생수병에 물을 가득 채우고 곰팡이 제거제를 한두 방울 희석해 흰가루병이 생긴 잎에 골고루 뿌려주면 됩니다. 보통 일주일 간격으로 두 번 정도 뿌리면 흰가루병이 잡혀요. 하지만 흰가루병이 한번 생긴 잎에는 얼룩덜룩한 잔해들이 남는데 이는 병이 나아도 원래 상태로 돌아오지 않습니다. 보기 싫다면 잘라주는 것이 좋지만 잎이 풍성하지 못하다면 광합성을 위해 건강한 잎들이 많이 나올 때까지는 그대로 두는 것이 좋아요.

흰가루병은 장마가 시작될 때와 겨울로 들어가기 전에 자주 발생합니다. 4~5월에 새로운 잎들이 자라나기 시작할 때 **_락스 희석액_**을 미리 뿌려두면 흰가루병이 생기는 것을 예방할 수 있습니다. 많은 식물집사들이 가을에 발생하는 흰가루병은 어차피 겨울에 낙엽이 지니 따로 방제를 안 해도 된다고 생각하는 경우가 많아요. 가을에 낙엽이 질 잎이라도 방제는 해주는 것이 좋습니다. 흰가루병이 생긴 잎이 떨어져도 그 옆에 잎이 지지 않는 상록성 식물로 번지는 경우도 있으니까요. 겨울 동안 잠잠하다 이듬해 봄에 날이 따뜻해지면서 급속도로 퍼지기도 하니 가을에도 흰가루병이 생겼다면 꼭 세심하게 방제해주세요.

농약 사용 설명서

　시중에 판매되는 대다수 농약 및 살충제에는 자세한 설명서가 있습니다. 사실 귀찮아서 제대로 읽어보는 분들이 거의 없을 거예요. 저도 처음에는 그랬답니다. 하지만 사용 설명서만 제대로 읽어봐도 효과와 부작용, 주의 사항과 사용량 등을 잘 맞출 수 있어요. 특히 농약은 물에 희석하는 비율을 잘 맞춰야 합니다. 보통은 1000~2000 : 1의 비율로 사용하는 것이 일반적이지만 간혹 비율이 다른 경우가 있어요.

　희석 비율을 확인하고도 과한 욕심으로 낭패를 보는 경우도 있죠. 저는 깍지벌레가 너무 심각하게 번져서 농약을 사용한 적이 있습니다. 설명서에는 2000 : 1로 사용하라고 적혀 있었는데 깍지벌레로 인한 스트레스로 빨리 방제하고 싶은 마음에 20배 더 진한 100 : 1로 희석해서 사용했습니다. 어차피 물에 녹이는 건데 큰 문제 있겠나 하고 안일하게 생각했죠. 그런데 너무 강한 성분으로 식물의 잎이 타버리고 뿌리까지 녹아버렸답니다. 해충 때문에 큰 스트레스를 받고 있더라도 희석 비율을 꼭 지켜주세요.

여러 가지 농약을 섞어서 사용해도 괜찮을까?

블로그나 유튜브에 굉장히 자주 올라오는 질문입니다. 답변은 '*가능하다. 하지만 추천하지 않는다*'입니다.

인간은 기저질환으로 복용하는 약물이 있어도 감기나 다른 질환이 생긴 경우 약물을 혼용할 수 있습니다. 하지만 환자 스스로 판단해서 약을 같이 먹는 경우는 거의 없지요. 의사나 약사가 약물의 혼용 여부를 판단해야 합니다. 각기 다른 질환에 사용되는 약물이 서로 반응하여 흡수율을 떨어뜨리거나 심각한 부작용을 초래할 수 있기 때문이지요.

농약도 마찬가지입니다. 여러 해충에 효과를 보이는 농약은 해충 하나하나의 특성에 맞춘 것이 아니므로 병충해가 심하지 않을 경우나 가정에서 사용하는 것이 일반적입니다. 농장처럼 식물이 많은 곳에서는 각 해충에 맞는 전문 농약을 사용하죠. 이때 특정 해충을 퇴치하는 전문 농약을 혼용해도 되는지는 꼭 농약사에 상담해보아야 합니다. 서로 방해되는 성분이 없는지 정확한 확인이 필요하니까요. 혼용 시 보통 2종을 섞는데, 하나를 물에 완전히 녹인 후 두 번째를 섞는 것이 좋다고 합니다. 대부분 농약은 농축된 액체 형태이기 때문에 강한 원액 상태에서 2가지가 섞이면 화학반응을 일으킬 수 있어요. 참고로 농약은 인터넷 판매 금지 품목이니 농약사나 종묘사에서 사야 합니다.

농약(살충제)과 액체비료를 섞어서 줘도 될까?

하지 않는 것이 좋습니다. 농약에는 물에 잘 녹을 수 있도록 계면활성제가 포함되는 경우가 많은데요. 계면활성제는 거품을 내고 물에 약이 잘 퍼지게 하지만 식물이 비료 성분을 빠르게 흡수할 수 있도록 돕습니다. 그래서 농약과 액체비료를 섞으면 계면활성제로 인해 식물이 비료를 과하게 흡수할 수 있어요. 큰 문제는 아니지만 비료를 너무 많이 흡수하면 오히려 성장 장애가 오거나 꽃이 피지 않고, 월동을 해야 하는 식물의 경우 낙엽이 지지 않아 냉해를 입기도 합니다. 따라서 농약과 비료는 최소 일주일 정도 시간 간격을 두고 사용하는 것이 좋습니다.

해충을 박멸하는 가장 쉬운 방법

해충을 방제하는 가장 쉬운 방법은 *식물의 잎과 줄기를 자주 관찰하는 것*이에요. 크기가 크고 색이 눈에 잘 띄는 솜깍지벌레가 있는 반면 아주 작아서 자세히 관찰하지 않으면 보이지 않는 응애나 총채벌레도 있어요.

해충은 잎 표면에 붙어 있기도 하지만 대부분 눈에 잘 띄지 않는 잎 뒷면이나 줄기에 많이 생기기 때문에 수시로 관찰하는 것이 가장 좋습니다. 초기에만 발견하면 독한 농약을 쓰지 않고도 충분히 박멸할 수 있으니까요.

눈에 띄는 즉시 물 샤워를 하거나 물티슈 등으로 닦아내면 빠르게 번지지는 않습니다. 하지만 식물이 많아지고 일상이 바쁜 시기에는 해충을 발견하더라도 며칠만 있다 약을 치자 하고 방치하기 쉬워요. 해충들의 번식이 어찌나 빠른지 발견 후 일주일만 지나도 기하급수적으로 늘어나 있어요. 귀찮더라도 사랑하는 식물을 위해 보이는 즉시 관리해주세요.

이미 해충이 생겼다면 약으로 방제해야 하지만 미리 환경 조건만 잘 갖춰도 해충을 예방하는 데 큰 도움이 됩니다. 일단 환기가 가장 중요하겠죠. 봄과 가을 날씨가 좋은 시기에는 환기도 잘하지만 무덥고 습한 장마철이나 한겨울에는 창을 열어두기가 쉽지 않아요. 하지만 식물집사라면 이러한 계절에도 짬을 내어 꼭 환기해주세요.

그리고 *종종 물 샤워를 해주는 것*도 굉장히 큰 도움이 됩니다. 베란다에서 식물을 키우면 잎 샤워를 해주기가 쉽지만 실내에서는 상당히 번거롭고 고된 일입니다. 틈틈이 식물을 욕실에 데려가 시원하게 샤워를 시켜주기만 해도 웬만한 해충들은 예방할 수 있답니다.

Fertilizer

비료

식물을 키우다 보면 뿌듯할 때가 많아요. 제 경우 작은 식물을 건강하고 크게 키웠을 때 뿌듯함을 많이 느낍니다. 이렇게 식물이 성장하는 모습을 지켜보는 것도 식물을 키우는 즐거움 중 하나겠죠. 이때 식물이 건강하게 성장하도록 도움을 주는 영양제와 같은 것이 비료입니다. 하지만 과하면 독이 될 수도 있으니 정확하고 자세히 알아두어야 제대로 사용할 수 있답니다.

유기질비료와 화학비료의 차이 이해하기

우리 몸에 좋은 영양식이 필요하듯이 식물도 마찬가지예요. 어떻게 하면 더 건강하게 자랄까 고민하다 보면 자연스럽게 비료에 관심이 가기 마련입니다. 우리가 사용할 수 있는 비료의 종류도 굉장히 많지요. 처음에는 주로 초록색 스포이드처럼 생겨 화분에 바로 꽂아주는 액체비료로 시작해서 나중에는 화학비료까지 사용하게 되죠. 식물의 성장에 좋다는 비료도 제대로 알고 사용해야 효과를 볼 수 있어요. 크게 유기질비료와 화학비료로 나눌 수 있는데, 각각의 특징과 차이점을 알아볼게요.

유기질 비료

어분, 골분, 아주까리박, 대두박, 야자박, 옥수수박 등 여러 가지 유기물질을 화분이나 밭에 뿌리기 쉽게 만든 비료입니다. 우리가 자주 사용하는 바나나 껍질, 달걀 껍데기, 양파 껍질 등으로 만든 천연비료도 유기질비료라고 할 수 있습니다. 유기질비료와 유박비료를 같은 의미로 알고 계신 분들이 많은데, 엄밀히 말하면 다릅니다. 유기질비료는 동물성과 식물성 재료가 모두 들어가는 데 반해 유박비료는 식물성 원료만 사용해서 만들어요. 크게 본다면 유박비료가 유기질비료의 범주 안에 들어가는 것이 맞지만, 실제 농업에서는 동물성+식물성 재료를 모두 사용한 비료를 '유기질비료', 식물성 원료만 사용한 비료를 '유박비료'라고 칭합니다.

유기질비료는 최근 동물성 원료가 가스를 방출하며 토양을 오염시킨다는 연구 결과로 문제가 되고 있어요. 그래서 많은 비료 회사들이 이런 문제를 해결하고자 연구하고 있습니다. 유박비료는 식물성 비료이기 때문에 토양에 큰 문제를 야기하지 않지만 단점이 하나 있습니다. 바로 유박비료 안에 들어가는 '아주까리박' 때문입니다. 아주까리박은 식물이 자라는 데 많은 양분을 제공하지만 독성을 가지고 있어요. 유박비료는 생김새가 동물 사료와 비슷하고 고소한 냄새가 나서 흙에 뿌려둔 것을 개나 고양이가 먹고 독성으로 인해 생명을 잃는 사고가 발생하기도 합니다. 집에서 동물을 키우지 않더라도 개나 고양이가 지나다닐 수 있는 곳이라면 유박비료의 사용을 조심해야 합니다. 흙 위에 뿌려두지 말고 흙 속에 묻어두는 것이 좋습니다. 그래서 최근에는 아주까리박을 넣지 않아 독성이 없는 비료가 나오기도 합니다.

식물은 유기물 상태의 양분은 흡수할 수 없습니다. 무기물 상태로 변환되어야 흡수해서 생장하는 데 사용할 수 있죠. 따라서 유기질비료를 화분이나 밭에 뿌려준다고 해서 바로바로 효과가 나타나지 않습니다. 그럼 유기질비료는 어떻게 무기질로 변환되는 것일까요? 흙 속에 사는 미생물에 의해 분해되어 비로소 식물이 흡수할 수 있는 무기질로 바뀝니다.

유기질비료의 장점은 가격이 저렴하고 집에서도 쉽게 만들 수 있다는 것입니다. 하지만 유기물들이 부숙되면서 생성되는 다량의 가스가 어린 식물의 뿌리를 상하게 할 수도 있어요. 따라서 유기질비료가 식물에 어떻게 작용하는지를 이해하고 지나치게 많이 사용하지 않는 것이 좋습니다.

// 독일카쎄 식물 노트 // **막걸리 비료 & 바나나 껍질 비료**

식물집사들 사이에서 유명한 천연비료 중 막걸리 비료와 바나나 껍질 비료가 있어요. 막걸리 비료는 그 자체로 식물에게 좋은 양분을 많이 함유하고 있는 것이 아니라 유기질비료의 분해를 돕는 촉매제라고 할 수 있습니다. 화분이나 땅에 막걸리 비료를 뿌리면 흙에 많은 수의 미생물을 추가하는 셈이지요. 미생물이 많이 살수록 흙 자체가 건강해지고 그 속에 있는 유기물들이 무기물로 변하여 식물도 많은 양분을 흡수할 수 있습니다.

바나나 껍질 비료는 효과가 굉장히 뛰어난 천연비료입니다. 바나나 껍질을 말려 화분 흙 속에 묻어주고 막걸리 비료까지 더하면 수많은 미생물들이 바나나 껍질을 분해해서 식물이 흡수하기 좋은 무기질로 바꿔줍니다. 그야말로 환상의 컬래버레이션이라고 할 수 있습니다.

화학비료는 그 자체로 식물에게 바로 흡수될 수 있는 무기질로 이루어져 있습니다. 식물 성장에 필요한 3대 요소인 질소(N), 인산(P), 칼륨(K)을 무기질 형태로 농축한 것이죠. 그래서 식물에게 주었을 때 즉각적인 효과를 기대할 수 있습니다.

화학비료는 다양한 제형으로 만들어집니다. 흙 위에 뿌리는 고체 형태로 물을 주거나 비가 내릴 때마다 조금씩 녹아 흡수되는 비료가 있고, 고농축 액체 형태도 있습니다. 액체비료는 물에 희석해서 뿌리는데 고체비료에 비해 화학성분이 적게 함유되어 과한 공급으로 식물에게 해가 될 가능성이 적어요. 하지만 한 번 뿌려두면 몇 달간 지속되는 고체비료에 비해 자주 챙겨주어야 하는 번거로움이 있습니다.

요즘은 완효성(오랜 기간에 걸쳐 비료 성분이 천천히 용출되는 것) 알비료도 많이 사용합니다. 얼핏 보면 구슬 아이스크림처럼 동글동글하게 생겼는데 물에 서서히 녹으면서 식물이 비료 성분을 흡수합니다. 비료 성분을 특수 재질로 코팅해놓은 아주 똑똑한 비료입니다. 구슬 자체가 물에 녹는 것이 아니라 삼투압에 의해 비료 성분이 캡슐 밖으로 용출되는 것입니다. 이 또한 아무 때나 용출되는 것이 아니라 식물이 생육하기 좋은 온도와 습도일 때 용출됩니다. 6개월 정도에 걸쳐 적절한 양의 비료가 용출되어 지속적으로 양분을 공급해주죠.

다만 주의해야 할 점이 있습니다. 뿌리에 직접 알비료가 닿으면 뿌리가 상하는 경우가 많다는 것입니다. 보통 흙에 심어 키우는 식물들은 괜찮지만 수태나 바크에 키우는 공기뿌리를 가진 착생란들은 알비료가 뿌리에 닿으면 상처가 생기거나 심할 경우 고사할 수도 있으니 각별한 주의가 필요합니다.

NPK 비율이란?

식물이 성장하는 데는 많은 성분이 필요합니다. 그중 반드시 필요한 원소를 정리하면 다음 표와 같아요.

식물의 평균 필수원소 함량

다량원소(%)		미량원소(ppm)	
탄소(C)	45	철(Fe)	100
산소(O)	45	염소(Ci)	100
수소(H)	6	망간(Mn)	50
질소(N)	1.5	아연(Zn)	20
칼륨(K)	1.0	붕소(B)	20
칼슘(Ca)	0.5	구리(Cu)	6
마그네슘(Mg)	0.2	모리브덴(Mo)	0.1
인(P)	0.2		
황(S)	0.1		

[출처] 농사로 : 농촌진흥청 농업기술포털

탄소, 산소, 수소는 흙과 물 등에서 공급받기 때문에 따로 보충할 필요 없지만, 질소, 인, 칼륨은 비료를 통해 공급해주어야 합니다. 이것이 비료가 필요한 이유이지요. 비료의 3요소는 질소, 인산, 칼륨인데 각각의 요소가 결핍되면 다음과 같은 증상이 생길 수 있어요.

질소(N) : 잎이 노랗게 변하고 생육이 빈약하며 과실의 성숙이 빨라지고 수량이 적어집니다.
인산(P) : 잎은 폭이 좁아지고 끝이 갈색, 보라색, 연녹색으로 변하며 개화 · 결실이 나빠집니다.
칼륨(K) : 잎의 선단부터 노랗게 변하고 그 부분이 갈색으로 고사합니다. 뿌리썩음병이 일어나기 쉽고 과실의 크기와 맛, 외관이 모두 나빠집니다.

어떤 요소가 부족한지 판단을 내리기는 쉽지 않지만 식물에 문제가 생겼을 때 영양 부족에 초점을 맞춘다면 비료를 사용해보는 방법이 있겠지요. 그때 화학비료 성분표를 보면서 NPK 비율이 뭔지 궁금했을 거예요. 화학비료 용기에는 숫자 3개를 연달아 적어놓은 비율이 있어요. 예를 들어 7 : 6 : 7 혹은 2 : 5 : 7인데, 식물 성장에 필요한 3대 요소인 질소(N), 인산(P), 칼륨(K)의 비율이에요.

질소는 식물체의 잎과 줄기 등을 건강하게 해줍니다. 인산은 식물이 꽃을 잘 피우고 더 크고 맛있는 열매를 맺는 데 도움을 줍니다. 칼륨은 식물체의 뿌리 건강에 이로운 요소입니다. 그래서 실내 관엽식물처럼 꽃이 아니라 잎을 관상하는 경우에는 NPK 비율이 비슷하게 들어간 복합비료를 사용하는 것이 좋습니다.

// 독일카씨 식물 노트 //

무늬식물에
질소질 비료를 줘야 할까?

요즘 희귀식물이 유행하면서 많은 분들이 무늬식물에 질소질이 많이 함유된 비료를 주면 무늬가 약해지냐는 질문을 많이 합니다. 그것은 어느 정도 신빙성이 있는 것일 뿐 절대적인 것은 아닙니다. 무늬식물은 무늬가 고정된 품종도 있고, 상황에 따라 무늬가 변하는 품종도 있습니다. 예를 들어 요즘 유행하는 몬스테라 알보는 무늬가 고정되어 있지 않아요. 초록색 부분이 많아졌다가 흰 부분이 많아지기도 하고 그 반대로 변하는 경우도 많습니다. 물론 무늬식물에 비료를 주었을 때 성장할 수 있는 인자를 많이 가지고 있는 초록색 부분이 빠르게 성장하여 흰색보다 많아 보일 수는 있어요. 하지만 비료 자체가 식물이 가진 무늬 유전자에 영향을 줄 수는 없다고 생각합니다.

다만 무늬식물은 초록색 잎만을 가진 식물에 비해 광합성을 할 수 있는 엽록소의 양이 부족하다 보니 질소질 비료를 주었을 때 조금 더 양분을 많이 흡수하는 것 같아요. 하지만 무늬를 유지하기 위해 비료를 주기보다는 식물 자체의 성장을 돕는 비료를 주는 것이 좋습니다.

성분에 따라 달라지는 비료 사용법

화학비료의 3대 요소인 질소(N), 인산(P), 칼륨(K)의 함유량에 따라 사용 시기와 효과 등이 달라집니다.

질소 함유량이 높은 비료

먼저 질소가 많은 비료는 **'성장기용 비료'**라고 합니다. 식물의 잎과 줄기를 튼튼하게 해주기 때문에 주로 관엽식물을 빨리 성장시키기 위해 사용합니다. 하지만 주의할 점이 있습니다. 바로 꽃을 피우는 식물들에게 줄 때입니다. 꽃나무 혹은 유실수는 꽃이 피기 전이나 꽃눈 분화를 할 시기에 성장기용 비료를 주면 자칫 꽃눈이 형성되지 않거나 꽃이 피지 않을 수 있습니다.

식물이 꽃을 피우는 이유는 여러 가지입니다. 먼저 번식을 위한 것이 가장 크고, 계절적인 요인에 의해 꽃눈이 분화되기도 합니다. 몇몇 식물들은 계절의 변화에 상관없이 자체적으로 문제가 생겨 생명을 이어갈 수 없는 상황이라고 판단되거나 극도의 스트레스를 받았을 경우에도 꽃을 피우고 열매를 맺어 후손을 이어갈 준비를 합니다. 그런데 질소가 많은 비료를 주면 식물들은 충분한 영양소로 인해 번식해야 할 필요성을 느끼지 못합니다. 한마디로 배가 부른 상태라고 할 수 있겠죠. 자기 스스로 양분이 충만하기 때문에 번식해야 할 이유가 없으니 번식의 수단인 꽃을 피우지 않는 것입니다. 그렇기 때문에 꽃나무나 유실수에 성장기용 비료를 줄 때는 주의해야 합니다.

인산 함유량이 높은 비료

인산 함유량이 높은 비료는 **'결실기용 비료'**라고 합니다. 크고 건강한 꽃과 더불어 크고 실한 열매를 맺는 데 도움을 줍니다. 따라서 꽃나무나 유실수는 꽃봉오리가 생기기 시작할 때 결실기용 비료를 주면 좋습니다. 확실히 꽃의 크기와 개수가 많아지며 열매는 비료를 주지 않았을 때보다 튼튼합니다.
물론 유실수에서 열리는 과일은 비료도 중요하지만 적과(열매를 최소한으로
남겨두고 따주는 것)를 얼마나 잘해주느냐도 중요합니다.

칼륨 함유량이 높은 비료

칼륨이 많이 함유된 비료는 '알뿌리 식물을 위한 비료'입니다. 알뿌리 식물
은 뿌리에 양분을 저장하는 특성을 가지고 있습니다. 튤립, 양파 등이 알뿌
리, 즉 구근식물이죠. 이러한 식물의 구근을 크게 성장시키기 위해 사용하는
것이 바로 칼륨 비료입니다. 보통 양파 재배용 비료를 선택하면 되는데, 뿌리
의 생육을 돕는 칼륨이 구근을 더욱 크고 튼튼하게 만들어줍니다. 그래서 양
파, 마늘 등의 작물 혹은 튤립, 수선화 등의 구근식물을 키울 때는 꽃이 핀 직
후 구근을 실하게 키워내야 할 시기에 칼륨 비료를 주면 굉장히 좋습니다.

하지만 뿌리채소인 고구마는 비료를 주면 안 된다고 합니다. 오히려 비료
를 먹고 자란 고구마는 너무 커져서 상품성과 맛이 떨어진다고 해요. 그것을
미처 모르고 한때 고구마에 열심히 비료를 주었다가 사람 머리보다 큰 고구
마를 수확한 적이 있습니다. 너무 커서 찌기도 힘들었는데 그렇게 맛있지도
않았어요.

// 독일카씨 식물 노트 //   어떤 비료를 사용해야 할까?

제가 사용하는 화학비료에는 완효성 알비료와 액체비료가 있어요. 완효성 비료는 드림코
트, 오스모코트 등과 같이 'ㅇㅇ코트'라는 이름으로 주로 유통됩니다. 제조사에 따라 성분
비율이 조금씩 차이가 있긴 하지만 대부분 비슷합니다. 요즘은 국내에서도 완효성 알비료
가 다양하게 출시되고 있어요. 액체비료는 하이포넥스 또는 다이나그로의 제품을 사용합
니다. 액체비료도 주로 미국과 일본에서 수입됩니다. 둘 다 우리나라보다 원예산업이 발전
한 나라들이죠. 우리나라에서도 조금씩 좋은 액체비료들이 출시되고 있는데 여러 회사의
액체비료를 사용해보면서 비교하는 중입니다.
천연비료는 굉장히 다양한 재료가 사용되고 있어요. 막걸리 효소를 이용한 막걸리 비료나
요구르트 비료, 칼슘이 풍부한 달걀 껍데기 비료, 퇴비 역할을 하는 바나나 껍질 비료나 양
파 껍질 비료도 있습니다. 요즘은 커피 찌꺼기를 화분 속에 넣어주는 분들도 많은데, 이 또
한 굉장히 좋은 천연비료입니다.

비료는 언제 어떻게 주면 될까?

내가 키우는 식물이 잘 자라고 있지만 더 잘 자라게 하기 위한 '부스터' 개념으로 비료를 주는 것은 얼마든지 괜찮지만, 식물이 아플 때 비료를 주는 것은 정말 위험한 일입니다. 배탈이 나서 힘이 하나도 없고 입맛도 떨어졌을 때 우리는 무엇을 할까요? 탈이 난 장을 보하기 위해 죽을 먹고 충분한 휴식을 취하죠.

식물도 똑같아요. 과습이든 병충해로 약해졌든 더 많은 영양을 보충하기보다는 손상된 뿌리나 잎이 회복될 수 있는 환경에서 요양하는 것이 첫 번째입니다. 식물이 아프다고 영양제를 꽂아주거나 비료를 더 얹어주는 행위는 배탈이 난 사람에게 어서 나으라고 산해진미를 상다리가 휘어지도록 차려주는 것과 같습니다. 사람은 차려준 사람의 성의를 생각해 몇 술 들기는 해도 더 이상 먹지는 않을 거예요. 하지만 식물들은 주는 대로 다 받아들인다는 것을 기억하세요. 그렇게 되면 비료로 인해 더 심하게 아플 수도 있어요.

비료는 식물이 건강할 때 주는 것이 가장 좋습니다. 예를 들어 분갈이 시기를 놓쳐서 식물은 건강하지만 양분이 부족할 때 비료를 주는 것이죠. 화학비료와 천연비료 중 어떤 것이든 좋습니다. 화학비료는 사용하기가 번거롭지 않고 사용 설명서대로 준다면 과한 비료로 인한 피해도 최소화할 수 있어요. 천연비료는 가격이 저렴하고 집에서 직접 만들 수 있어서 좋습니다. 하지만 천연비료는 만들기에 따라서 영양소의 불균형이 올 수 있고 오랜 숙성 과정을 거쳐야 하는 번거로움이 있습니다.

Chapter

2

독일카씨 식물 연구소

엄마가 키우던 그 식물
스킨답서스

학　명 ｜ Epipremnum/Scindapsus
자 생 지 ｜ 열대지방
관리 레벨 ｜ ★★☆☆☆

스킨답서스, 너는 누구?

식물을 좋아하는 사람들은 대부분 알겠지만 별 관심 없는 사람들은 잘 모를 거예요. 하지만 스킨답서스 사진을 보여주면 하나같이 "아, 우리 집에 있는 거다!" 혹은 "우리 엄마가 키우는 건데!"라는 반응을 보일 겁니다. 그만큼 스킨답서스를 키우는 집이 많고 실내식물로서 역사가 길다는 뜻이죠.

원산지와 자생 환경

스킨답서스의 원산지는 인도네시아 자바섬으로 추정되는데 지금은 세계 곳곳의 열대지방 혹은 아열대 지역으로 퍼져 귀화한 식물입니다. 겨울이 춥지 않은 열대지방에서 스스로 잘 살아가는데, 일부 지역에서는 스킨답서스가 너무 우거져 농사에 방해가 될 정도라고 합니다. 그만큼 강건하고 성장 속도가 빠른 식물이에요. 뜯어내고 잘라내도 어느 순간 퍼져 있는 잡초 같은 식물인가 봐요. 오죽하면 악마의 덩굴Devil's Ivy이라는 별명까지 붙었답니다.

관리 방법과 특징

스킨답서스는 추위만 조심하면 키우기가 무척 쉬워요. 일단 내병성이 강해서 다른 식물에 비해 병충해를 입지 않습니다. 또한 빛이 강한 곳이든 부족한 곳이든 잘 적응하기 때문에 실내에서도 잘 자란답니다. 나사에서 발표한 자료에 의하면 스킨답서스는 포름알데히드, 벤젠, 크실렌 등 공기 중 유해물질을 정화하는 효과가 있으며 실내의 일산화탄소를 흡수 분해하는 능력이 있습니다. 이처럼 공기 정화에도 좋고 땅뿐 아니라 물에 담가놓기만 해도 잘 자라서 실내 인테리어 또는 플랜테리어 식물로 각광받고 있어요. 요즘에는 스킨답서스가 물속 질산염을 잘 흡수한다는 사실이 알려지면서 어항 속에 뿌리를 내려 물을 정화하는 용도로도 사용한답니다.

스킨답서스, 어떻게 하면
크게 키울 수 있을까?

스킨답서스의 매력 중 하나는 환경만 잘 맞으면 잎이 30cm 넘게 자라고 몬스테라처럼 잎이 갈라진다는 점이에요. 자생지의 이런 모습을 보고 저 또한 스킨답서스 크게 키우기에 도전하고 있답니다.

정확한 것은 아니지만 지금까지 공부한 것에 따르면 스킨답서스의 잎이 크게 자라기 위한 가장 큰 조건은 줄기가 위로 올라가야 한다는 점이에요. 흔히 스킨답서스 화분을 높은 곳에 두고 잎이 흘러내리게 키우는 경우가 많아요. 이렇게 키우면 잎이 커지지 않고 동일하게 유지되거나 오히려 작아집니다. 반대로 지지대를 세워 줄기가 위로 올라가게 해주면 잎이 점점 커져요.

하지만 줄기를 위로 세우는 것만으로 잎이 확 커지지는 않아요. 거대하게 자라려면 자생지와 비슷한 환경 조건을 갖춰야 합니다. 양분이 많은 땅, 높은 습도, 겨울에도 온도가 유지되어야 하는데, 집 안에서 이런 조건을 갖추기는 어렵죠. 그래서 크게 자란 스킨답서스는 식물원의 온실에 가야 만나볼 수 있습니다. 하지만 저의 스킨답서스 크게 키우기 도전은 여전히 계속됩니다.

우리가 알던 것은
스킨답서스가 아니다

사실 우리가 주변에서 흔히 보는 것은 진짜 스킨답서스가 아니에요. 원래 이름은 에피프레넘 오레움Epipremnum aureum이라고 한답니다. 백과사전에는 스킨답서스 픽투스Scindapsus pictus 또는 포토스Pothos라고 나오기도 해요.

이렇게 여러 이름으로 불리는 것이 오랫동안 인기가 많았다는 방증이기도 하죠. 1800년대 후반 처음 소개될 때는 포토스라고 불렸고, 1900년대부터 1964년까지는 스킨답서스로 소개되었어요. 하지만 1964년 스킨답서스가 아닌 에피프레넘 속屬의 오레움이라고 소개되면서 정확히는 스킨답서스가 아니라고 발표되었습니다. 하지만 포토스(외국의 경우), 스킨답서스라는 이름이 오랜 시간 우리 뇌리에 깊숙이 자리 잡아 정확한 자기 이름을 찾지 못하고 있어요. 우리에게 친숙한 초록색 잎이나 초록색 잎에 황금색 무늬가 조금 들어간 품종, 혹은 그와 비슷하게 생긴 잎에 색다른 무늬가 있다면 스킨답서스가 아닌 에피프레넘 오레움 혹은 그 육종품일 가능성이 큽니다.

그렇다면 스킨답서스라는 식물은 존재하지 않는 걸까요? 아니에요. 스킨답서스도 실제로 존재합니다. 우리가 알고 있던 에피프레넘 오레움 계열이 아닌 진짜 스킨답서스라는 학명을 가진 식물이죠. 그 안에서도 굉장히 다양한 품종이 있는데 사람들의 사랑을 가장 많이 받는 것은 '픽투스'와 '트루비Scindapsus treubii'입니다.

사실 에피프레넘속과 스킨답서스속에 해당하는 식물을 겉모습만으로 구분하기는 결코 쉽지 않습니다. 외양보다는 내부의 구조적 차이로, 스킨답서스속 식물은 씨방에 밑씨(나중에 씨가 되는 부분)가 하나인 데 반해 에피프레넘속 식물은 여러 개의 밑씨를 가졌다고 해요. 하지만 평소에 구조를 일일이 살피기 힘들다 보니 우리나라에서는 2가지를 모두 스킨답서스라고 부른답니다.

독일카씨의
스킨답서스 연구일지

아지레우스
Scindapsus pictus 'Argyraeus'

벨벳 질감의 하트 모양 잎이
매력적이에요. 어두운 갈색 바탕에
흰 점박이 무늬가 자잘하게 들어간
것이 특징이에요.

실버리안
Scindapsus pictus 'Silvery Anne'

아지레우스와 비슷하지만 잎의 바탕색이
조금 더 옅으며 흰 점박이 무늬가 더 넓게
나타나요. 여러 점박이 무늬가 합쳐져 큰
덩어리 형태로도 나타나는 특징이 있어요.

실버레이디
Scindapsus pictus 'Silver Lady'

어린잎은 아지레우스와 구분하기 쉽지 않지만,
성체가 될수록 아지레우스보다 잎이 길쭉하게
자라요. 점박이 무늬도 클수록 길쭉한
모양으로 변하여 얼룩말 무늬처럼 발전해요.

스네이크 스케일
Scindapsus pictus 'Snake Scale'

광택이 나는 하트 모양 잎을 가지고 있어요.
개체에 따라 잎의 색감은 조금씩 다르지만
발색이 좋은 경우 초록색과 연두색이 잘
어우러져 굉장히 화려해요. 잎 무늬의
연속성이 뱀의 무늬와 닮아 '스네이크
스케일'이라는 이름이 붙여졌어요.

블랙 맘바
Scindapsus pictus 'Black Mamba'

어릴 때는 다른 픽투스 계열
스킨답서스와 비슷한 모양과 무늬이지만,
성체가 되면 어두운 색으로 변하며
무늬가 점차 사라지고 울퉁불퉁한
요철이 잎 표면에 생겨요.

// 독일카쎄 식물 노트 //　　픽투스와 트루비, 뭐가 다를까?

▶ 픽투스
하트 모양 잎에 그림을 그려놓은 듯한 무늬를 가진 스킨답서스입니
다. 그중에서도 세세하게 여러 품종으로 나뉘죠. 요즘 픽투스의
인기가 높아지면서 수집하는 마니아들도 늘어나고 있습니다.
현재 우리나라에는 아지레우스와 실버리안이 많이 알려져 있
어요. 픽투스는 잎이 크게 자라지는 않지만 환경이 잘 갖춰진
다면 어른 주먹만 할 정도로 크다고 합니다.

▶ 트루비
픽투스보다 잎이 조금 더 길쭉하고 광택이 나는 것이 특징이에요.
초록색 잎을 가진 품종이 일반 트루비, 옥색을 띠며 흰 줄무
늬가 있는 품종이 트루비 문라이트, 그리고 전체적으로 검
은 잎을 가진 트루비 다크폼이 있습니다.
트루비는 생각보다 번식이 어려워요. 우리가 흔히 스킨답
서스라고 알고 있는 에피프레넘 오레움에 비하면 거의 3배에 가까
운 시간이 더 소요됩니다. 또한 번식에 실패하는 경우도 많아서 아직
까지는 가격도 비싼 편이에요.

다양한 매력의 요즘 대세
몬스테라

학 명	Monstera
자 생 지	열대지방
관리 레벨	★★☆☆☆

몬스테라, 너는 누구?

40여 년 전 우리나라에서 선풍적인 인기를 끌었던 식물이 있습니다. 바로 몬스테라입니다. 갈라지고 구멍 난 잎이 조금 괴기스럽지만 이국적인 모습에 매력을 느껴 많은 사람들이 키우기 시작했어요. 우리나라 농가에서도 몬스테라를 많이 재배했죠. 그러다 차츰 관심이 줄어드는가 싶더니 2~3년 전부터 다시금 몬스테라의 인기가 올라가고 있습니다.

원산지와 자생 환경

원산지는 멕시코이지만 현재는 열대 아메리카 전역과 동남아시아에서도 많이 자랍니다. 추위만 조심하면 자라는 데 큰 어려움이 없기에 열대지방에서는 야외에 관상용으로 심거나 전문적으로 재배하기도 한답니다.

몬스테라에도 굉장히 다양한 품종이 있는데 우리에게 가장 친숙한 것은 갈라진 큰 잎에 구멍이 숭숭 뚫려 있는 델리시오사입니다. 학명은 몬스테라 델리시오사Monstera deliciosa인데 잎 모양이 기괴하다고 해서 몬스터의 어원인 '몬스테라'에 열매가 매우 맛있어서 딜리셔스의 어원인 '델리시오사'라는 이름을 붙였다고 합니다.

관리 방법과 특징

몬스테라는 품종에 따라 키우는 방법이 조금씩 차이가 있지만 기본적으로 척박한 환경에서도 잘 적응하는 강인한 생명력을 가진 식물입니다. 잎 모양뿐 아니라 뿌리도 굉장히 특이한데요. 줄기에서 뻗어 나오는 공기뿌리(기근)는 어두운 마블 무늬가 있어 뱀처럼 약간 징그럽게 느껴지기도 합니다. 이 굵고 긴 뿌리가 흙에 닿으면 하얀 잔뿌리들을 어마어마하게 뻗어내죠. 이러한 뿌리의 왕성한 성장

력으로 번식도 굉장히 잘되고, 분갈이를 할 때 뿌리 정리를 많이 해주어도 크게 타격을 입지 않습니다. 살 수 있을까 싶을 정도로 뿌리가 대부분 상해 있어도 물 빠짐 좋은 흙으로 배합해서 다시 심으면 빠른 속도로 회복합니다.

잎에 난 구멍은 자생지에서 강한 바람이 잎에 상처를 주지 않고 통과하기 위한 것이라는 설이 있습니다. 또 다른 설로는 잎이 크다 보니 아래쪽 잎들이 받아야 할 햇빛을 가리는데, 찢어진 잎과 구멍을 통해 다른 잎에도 햇빛을 전하기 위해서라고 합니다.

빛이 부족한 곳에서도 잘 적응하지만 너무 부족하면 잎과 잎 사이 줄기가 웃자라 색이 옅어지고 크게 자라지도 않습니다. 그렇다고 옥외에서 직사광선을 받으면 좋을까요? 그것도 아닙니다. 열대지방의 나무 밑이나 나무줄기에 붙어 자라는 몬스테라는 너무 강한 빛도 좋아하지 않아요. 직사광선 아래 키우면 잎이 노랗게 타버릴 수 있습니다.

집 안에서 몬스테라를 가장 멋지게 키울 수 있는 공간은 베란다입니다. 다만 한 가지 주의해야 할 것은 추위예요. 열대지방 식물이기 때문에 한국의 혹독한 겨울을 버티기가 힘들어요. 추운 겨울에는 잠시 실내로 들이는 것이 좋습니다. 최저 영상 15도 이상은 되어야 합니다.

최근 트렌드

최근 다시 인기를 얻게 된 몬스테라. 하지만 이번엔 뭔가 좀 다릅니다. 기존에 알고 있던 몬스테라 델리시오사뿐만 아니라 다양한 품종들이 소개되면서 전 세계 식물집사들의 마음을 흔들어놓고 있어요. 알려지지 않았던 다양한 몬스테라가 소개되면서 많은 마니아층을 가지게 되었습니다.

무늬종 몬스테라는
왜 키우기 어려울까?

무늬종 몬스테라의 인기가 높아지면서 많은 분들이 식테크에 도전하고 있습니다. 특히 무늬종 몬스테라는 키우기가 까다롭다는 이야기를 많이 합니다. 하지만 무늬가 있다고 해서 일반 몬스테라에 비해 약하지는 않아요. 기본적인 생육 환경은 똑같습니다. 다만 무늬 부분은 초록색 부분에 비해 광합성을 하는 엽록소가 현저하게 적어서 무늬종 몬스테라가 일반 몬스테라에 비해 성장이 느릴 뿐입니다. 그렇다면 무늬종 몬스테라를 키우기 어렵다고 이야기하는 이유는 무엇일까요?

이유 1—— 무늬 발현의 불확실성

확률은 매우 희박하지만 대부분의 식물은 변이로 무늬가 생깁니다. 무늬종 몬스테라 역시 일반 초록색 몬스테라의 씨앗에서 태어났을 가능성이 크죠. 물론 삽목 등의 영양번식 혹은 조직 배양 중 화학반응을 통해 무늬 인자가 발현되는 경우도 있지만 대부분 씨앗번식에서 출발합니다. 무늬종 몬스테라의 가격이 비싼 이유가 바로 여기에 있습니다. 탄생 확률 자체가 희박하기 때문이지요.

그렇다면 무늬종 몬스테라를 잘 키워서 열매를 맺게 하고 씨앗을 채종하여 뿌리면 되지 않을까 하는 의문이 들 것입니다. 요즘 가장 사랑받는 하얀 무늬를 가진 몬스테라 알보의 씨앗을 16개 심어보았지만 무늬종 몬스테라가 자라지는 않았어요. 이론상으로도 똑같은 무늬의 몬스테라가 발아할 확률이 굉장히 적다고 합니다.

그럼 그 많은 몬스테라 알보는 어디서 생겨났을까요? 바로 영양번식입니다. 영양번식이란 씨앗이 아닌 식물의 줄기나 잎을 잘라 뿌리를 내리게 하는 방법입니다. 영양번식으로 자란 개체는 모주와 같은 유전자를 가집니다. 무늬종 몬스테라의 줄기를 잘라 번식시키면 똑같이 무늬종 몬스테라가 탄생한다는 것이죠.

하지만 아무리 같은 유전자라 하더라도 무늬가 어떻게 변화할지는 알 수 없습니다. 무늬가 골고루 잘 들어간 몬스테라 알보도 성장하면서 하얀 무늬를 가질 수도 있고, 초록 잎이 될 수도 있습니다. 오랜 시간 키우다 보면 무늬의 지분이 많아지면서 하얗게 변하거나 무늬의 지분이 사라지면서 초록색으로 변하는 경우가 대부분이에요. 결국 줄기를 잘라 번식에 성공하더라도 어떤 잎으로 자랄지는 알 수 없습니다. 운이 좋아야 무늬가 예쁘게 들어간 잎으로 자라는 것이죠.

이유 2 ——— 연약한 하얀색 잎

유령처럼 하얗다고 해서 고스트라고 부르는데, 이 하얀색 무늬 부분은 엽록소가 결핍되어 광합성을 하기 힘듭니다. 번식에 성공했는데 하얀색 잎만 나오면 스스로 양분을 합성하지 못하고 점점 도태되다 죽는 거예요. 고스트 잎을 가지고 있더라도 다시 초록색 잎이 나온다고 하지만 완전히 하얀 잎으로 변했다가 다시 초록색으로 발현하는 경우는 아직까지 본 적이 없습니다.

조직 배양으로 태어난
무늬종 몬스테라가 있다

흰 무늬가 있는 몬스테라 알보나 무늬 아단소니는 굉장히 인기가 많고 가격도 일반 몬스테라보다 비싼 편이죠. 실제로 2021~2022년에는 굉장히 비싼 가격에 거래되기도 했습니다. 무늬가 연속적으로 발현되지 않고 씨앗번식으로 탄생하기 힘들다는 점에서 희소성이 높지요. 하지만 대량생산이 가능한 몬스테라가 있습니다. 바로 크림몬이라는 별명으로도 유명한 타이컨스텔레이션이에요.

타이컨스텔레이션은 태국에서 조직 배양에 성공하여 세계적으로 보급되고 있어요. 물론 몬스테라 알보나 무늬 아단소니의 조직 배양도 시도하고 있지만 아직은 무늬 발현이 안정적이지 않습니다.

하지만 타이컨스텔레이션은 조직 배양에 성공하여 대량 증식이 가능합니다. 더구나 무늬 발현도 굉장히 안정적이죠. 무늬 지분이 많아져서 고스트로 가는 경우도 거의 없고(간혹 있기도 합니다) 성장 속도도 일정해서 많이 보급되었습니다. 대량번식에 성공해서 가격도 다른 무늬종 몬스테라보다 낮은 편이죠.

독일카씨의
몬스테라 연구일지

델리시오사
Monstera deliciosa

찢어진 거대한 잎이
매력적이에요. 어린잎은
구멍이 없고 잎도 찢어지지
않아서 귀여운 구석이
있습니다.

보르시지아나 알보 바리에가타
Monstera deliciosa var. borsigiana albo variegata

흔히 '몬스테라 알보'라고 불리죠. 역시 찢어진 잎을
가졌어요. 잎에 흰색 무늬가 발현되는데 초록색과
흰색의 조화가 환상적이지만, 무늬 발현이 불규칙해요.
보르시지아나 종의 특징으로 줄기와 마디 간격이 넓은
편이에요.

아우레아 바리에가타
Monstera deliciosa aurea variegata

잎에 노란색 무늬가 들어간
품종으로 '옐로 몬스테라'라고
불립니다. 흰색 무늬를 가진
몬스테라에 비해 중후한 멋이
있습니다. 역시 무늬 발현이
불규칙해요.

타이컨스텔레이션
*Monstera deliciosa variegata
'Thai Constellation'*

조직 배양으로 탄생하였으며 크림색
무늬를 가지고 있어 '크림 몬스테라'라고
불립니다. 무늬 발현이 안정적이어서
무늬가 사라지거나 너무 많아질 걱정 없이
오래 키울 수 있어요.

두비아
Monstera dubia

어릴 때와 성체의 모습이 완전히
달라요. 어린잎은 스킨답서스
픽투스처럼 작은 하트 모양이지만
성체가 되면 길쭉하고 커다란 잎으로
자랍니다. 잎 자체가 찢어진 모양은
아니지만 큰 구멍이 숭숭 뚫려
있어요.

아단소니
Monstera adansonii

다른 품종보다 잎의 크기가
작아요. 어린잎은 아이
손바닥보다 작지만 성체가
되면 어른 손바닥보다 조금
크게 자라기도 해요. 잎에
구멍이 있어요.

에스쿠엘레토
Monstera esqueleto

커다란 구멍 잎을 가진 몬스테라로, 크기가 매우 큰
종류 중 하나예요. 성체 잎을 보면 구멍이라기보다
살만 발라낸 생선뼈 같아요. 잎맥만 남기고 퇴화한
것처럼 보일 정도로 구멍이 크답니다.

// 독일카씨 식물 노트 //

몬스테라 공기뿌리 잘라도 될까?

몬스테라 줄기에서 쑥 자라나는 공기뿌리
는 그 자체로 공기 중의 수분을 흡수하지만
자연 상태에서는 건물 외벽이나 나무줄기
에 부착해 몸체를 고정하는 역할을 합니다.
이 공기뿌리는 흙을 찾아 이동하는 성질이
있어서 아래로 아래로 길게 자랍니다. 땅
에 닿기 전까지는 굵은 뱀처럼 자라다 흙
표면에 닿는 순간 무수한 잔뿌리가 나면서
흙 속으로 파고들어 양분을 흡수하죠.
공기뿌리를 물에 담가두면 어떤 현상이 일
어날까 실험해봤습니다. 물에 닿자 수많은
잔뿌리들이 나기 시작했습니다. 더 나아가
공기뿌리에서 나온 뿌리만으로 수분을 흡
수하면서 잘 자랄 수 있을까 실험해보았어
요. 화분 자체에 물을 주지 않았는데도 6개
월 정도 잘 살아 있었습니다. 하지만 화분
속의 원래 뿌리들을 해칠 수 있으니 따라
하지 마세요. 줄기에서 자라난 몬스테라의
공기뿌리가 그만큼 중요한 역할을 한다는
정도로 생각하면 됩니다.
"너무 징그러워요. 잘라내도 되나요?"라는
질문도 자주 받는데, 살짝 징그러운 모양
이지만 식물이 건강하게 자라는 데 도움이
되니 앞으로는 예뻐해주세요.

식충식물이지만 아름다워
벌레잡이제비꽃

학　명	Pinguicula
자 생 지	유럽, 북아메리카, 북아시아 일부, 남아메리카와 중앙아메리카 등 고산 지역
관리 레벨	★★☆☆☆

벌레잡이제비꽃, 너는 누구?

벌레잡이제비꽃은 이름에서도 알 수 있듯이 벌레를 잡는 식충식물이에요. 제비꽃과는 전혀 다른 식물이지만 제비꽃과 비슷한 꽃을 피워서 붙여진 이름입니다. 우리나라에는 약 20여 년 전부터 소개되어 마니아층을 보유하고 있습니다. 최근 실내 가드닝 최고의 악역인 뿌리파리를 잘 잡는다고 알려지면서 많은 식물집사들에게 사랑받고 있어요.

다른 식충식물들은 생김새가 기괴하고 징그러운 데 반해 벌레잡이제비꽃은 다육식물처럼 질서정연한 잎 모양이 매우 아름다워요. 겨울부터 봄까지 예쁜 보랏빛 꽃을 피워 아름다움이 배가됩니다. 소형종 벌레잡이제비꽃부터 잎 한 장이 손바닥만 한 것까지 다양한 품종이 있답니다.

원산지와 자생 환경

벌레잡이제비꽃은 유럽, 북아메리카, 북아시아 일부를 비롯해 남아메리카와 중앙아메리카까지 넓은 지역에 분포합니다. 높은 산지의 습한 지역이라는 공통점을 가지고 있지요. 세계 곳곳에 자생하는 벌레잡이제비꽃의 종류는 80여 종입니다.

습지에서 주로 서식하여 물을 굉장히 좋아하지만, 잎에 수분을 저장하는 능력이 뛰어나 건조한 환경에도 웬만큼 강합니다. 잎으로 끈끈한 점액질을 분비해서 거기에 붙은 벌레의 체액을 흡수하며 살아갑니다. 물론 뿌리로 양분을 흡수하기도 하고요.

관리 방법과 특징

빛이 부족한 실내에서 키우면 잎의 색이 옅어지고 웃자라는 경우가 많아요. 햇빛이 잘 드는 베란다 또는 창가에서 키우는 것이 가장 좋습니다. 햇빛이 잘 들지 않는 거실에서 식물등을 켜고 키워봤는데 웃자람이 덜하기는 하지만 창가보다 성장이 좋지 않았어요. 현재는 식물등을 완전히 가까이에서 쬐어주고 있는데 창가에서 기를 때와 비슷하게 자라고 있습니다.

벌레잡이제비꽃은 추위에 약하다고 생각해 겨울철 실내에 들여놓는 사람들이 많은데 의외로 추위에 강합니다. 물론 우리나라의 겨울철 바깥 추위를 견딜 정도는 아니지만 영하로 떨어지지 않는 정도의 베란다에서 충분히 겨울을 날 수 있어요(원산지에 따라 높은 월동 온도가 필요한 소수 품종 있음). 오히려 빛이 부족한 겨울에 따뜻한 곳에서 키우면 웃자람이 심해 예쁘지 않으니 베란다의 햇볕이 잘 드는 창가에 두세요.

최근 트렌드

취미가들에 의해 원종 벌레잡이제비꽃들이 다양한 품종으로 개량되고 여러 종류의 교배종 벌레잡이제비꽃이 소개되면서 이 아름다운 식충식물을 키우는 사람들이 늘어나고 있습니다. 1~2년 전만 해도 주로 개인 거래로 분양되었는데, 요즘은 대형 화훼단지나 화원 등에서도 쉽게 볼 수 있어요. 물론 대량 공급되는 품종은 몇 개 되지 않아 비교적 최신 품종은 개인 분양을 받아야 합니다. 하지만 인기가 사그라들지 않는다면 다양한 경로를 통해 계속 만나볼 수 있을 거예요.

벌레잡이제비꽃은
꼭 수태에 키워야 할까?

벌레잡이제비꽃은 성체의 지름이 500원짜리 동전만 한 에셀리아나부터 잎 한 장이 성인 손바닥만 한 기간티아까지 굉장히 다양한 품종이 있습니다.

제 경험으로 예쁜 꽃을 피우는 에셀리아나는 몸체가 작아서 수태에 키워도 큰 문제 없지만, 중대형 벌레잡이제비꽃은 수태로만 키우면 성장에 한계가 있어요. 수태는 수분을 잘 흡수하고 통기가 좋지만 양분이 없으니까요. 그래서 중대형 벌 레잡이제비꽃은 원예용 상토와 산야초를 1 : 1 비율로 섞어 물 빠짐을 좋게 해주어 야 합니다. 특히 잎이 가장 큰 기간티아는 높은 습도가 필요하기 때문에 하우스에 서 재배하면 큰 잎을 볼 수 있어요. 더불어 흙의 영양분도 풍부해야겠죠?

저는 야트막한 화분에 상토와 산야초를 섞은 배합토를 깔고 그 위에 수태를 1㎝ 두께로 깔아서 중대형 벌레잡이제비꽃을 키우고 있는데, 성장이 눈에 띄게 좋아지 는 것을 볼 수 있었어요.

벌레잡이제비꽃
번식률 300% 비법

벌레잡이제비꽃은 자구子球라고 하는 새끼 촉이 옆에 올라오는 경우가 있습니다. 어느 정도 성장한 자구를 분리하여 하나의 개체로 번식할 수 있는데요. 이보다 더 대량 번식을 할 수 있는 방법이 바로 '잎꽂이'입니다.

잎꽂이란 식물의 잎을 떼어내 번식하는 것이에요. 벌레잡이제비꽃은 잎꽂이의 성공 확률이 굉장히 높아서 무려 300%라고 해요. 잎을 하나 떼어내 수태 위에 올려두면 다육식물과 똑같이 잎 끝에서 새끼들이 자라납니다. 새끼가 하나만 나오는 경우도 있지만 보통 한 번에 2~3개, 많게는 5개까지 올라옵니다.

워낙 번식이 잘되기 때문에 한 촉으로 시작해도 금방 수십 촉으로 불어날 수 있습니다. 물론 번식 성공률은 높지만 성체까지 키우려면 1년 정도 걸립니다. 너무 작게 올라오는 새끼들을 그때마다 분리해 옮겨 심어야 하는 번거로움이 있지만 개체수를 잘 늘리면 예쁜 벌레잡이제비꽃밭을 만들 수 있습니다.

벌레를 잘 잡긴 하는데
너무 징그러워요!

벌레잡이제비꽃 중에서 많은 사랑을 받는 소형 품종 에셀리아나는 날벌레를 잡긴 하지만 그 수가 많지는 않아요. 어쩌다 하나씩 잎에 붙어 있는 벌레의 시체를 보는 정도입니다. 하지만 모라넨시스, 티나, 아프로디테, 기간티아 등 중대형 벌레잡이제비꽃은 잎에 벌레의 시체가 무수히 붙어 있어 조금 혐오감이 들기도 합니다. 이런 벌레들은 샤워기로 물을 뿌려서 씻어내면 됩니다. 하지만 집에 날벌레가 많으면 금방 다시 잎이 벌레의 시체로 뒤덮일 수 있어요. 또 잎에 붙은 벌레를 통해 단백질을 흡수하므로 너무 징그럽지 않다면 씻어내지 않는 것이 좋다고 해요.

뿌리파리 제거에
정말 효과적일까?

식물집사들에게 가장 미움받는 해충이 뿌리파리입니다. 화분 주위를 날아다니는 작은 벌레인데요. 벌레잡이제비꽃을 많이 키운다면 확실히 살충제를 사용하지 않고도 어느 정도 뿌리파리를 없앨 수 있어요. 알을 까는 성체 뿌리파리를 잘 잡기 때문에 자연스럽게 박멸되는 것이죠.

하지만 뿌리파리가 너무 심하게 창궐했을 때는 살충제의 도움을 어느 정도 받는 것이 좋아요. 뿌리파리 살충제는 보통 흙에 뿌리거나 물에 희석해서 관주(토양이나 나무에 구멍을 파서 약제를 주입하는 방법)합니다. 하지만 뿌리파리의 유충과 알을 잡을 뿐 성체까지 죽이지는 못해요. 성체 뿌리파리가 또다시 알을 까면 말짱 도루묵이죠. 성체를 잘 잡는 벌레잡이제비꽃을 키우면서 살충제도 사용하면 뿌리파리를 확실하게 없앨 수 있습니다.

독일카씨의
벌레잡이제비꽃 연구일지

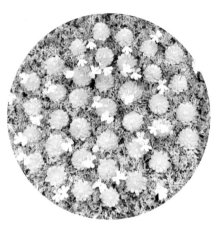

에셀리아나
Pinguicula esseriana

소형종 벌레잡이제비꽃이에요.
아담한 크기로 자라며 잎이 둥글고
오밀조밀해서 하나를 키우기보다는
군집(여러 개체를 함께 키우는 것)을
이루면 정말 예쁩니다. 꽃은 중대형
벌레잡이제비꽃 크기만 하게 피어요.

기간티아 *Pinguicula gigantea*

아직 많이 알려지지 않고 보급도 잘 이루어지지 않은
가장 큰 벌레잡이제비꽃 품종이에요. 자생지에서는 잎
1장의 크기가 어른 손바닥만 하며 다른 벌레잡이제비꽃
품종과 달리 잎의 앞뒷면 모두에서 점액질을
배출합니다(보통은 앞면만 배출). 덩치에 어울리지
않게 작은 꽃을 피워요.

티나 *Pinguicula tina*

중대형 벌레잡이제비꽃입니다.
성체의 크기는 어른 주먹만 하며
꽃이 다른 품종에 비해 화려합니다.
꽃 안쪽이 흰색을 띠는데 보라색
꽃잎과 어울려 정말 아름다워요.

모라넨시스
Pinguicula moranensis

가장 널리 보급된 중형종
벌레잡이제비꽃이에요. 잎 끝이
말리거나 주름져서 각져 보이는
경우가 많아요. 너무 크지 않아서
중대형 품종에 비해 단정하게
자라며 잎과 꽃 크기의 비율이 가장
이상적이어서 개화했을 때 전체적인
모습이 아름다워요.

아프로디테 *Pinguicula aphrodite*
대부분 둥글고 짧은 잎을 가진
벌레잡이제비꽃과는 다르게 길쭉한
잎 모양을 하고 있어요. 점액질
분비도 많아서 가장 벌레를 잘 잡는
품종으로 알려져 있어요.

// 독일카씨 식물 노트 //

벌레잡이제비꽃 분갈이 주의점

에셀리아나는 수태로 키우는 경우가 많은
데, 포기가 너무 커지고 자구가 많이 나와
서 1~2년에 한 번 정도는 배열을 정돈해주
어야 합니다. 수태에서 에셀리아나를 뽑을
때 간혹 '폭발' 사고가 일어나곤 합니다. 잎
과 줄기가 워낙 약해서 작은 충격에도 잎
이 후두둑 떨어지는 것이죠.
이것을 방지하기 위해서 분갈이를 하거나
배열을 다시 정돈할 때는 일단 수태에 물
을 흠뻑 주고 충분히 불린 상태에서 에셀
리아나를 뽑아야 잎이 떨어지지 않고 잘
분리됩니다. 끝이 구부러진 핀셋을 사용하
면 쉽게 분리할 수 있어요.

사랑받는 국민 관엽식물
고무나무

학 명	Ficus
자 생 지	아시아, 아프리카 및 남아메리카
관리 레벨	★★☆☆☆

고무나무, 너는 누구?

줄기를 잘랐을 때 하얀 고무 수액이 흘러나오는 나무들을 통칭하여 고무나무라고 합니다. 옛날에는 실제 고무나무의 수액으로 천연고무를 만들었어요. 우리가 가정에서 기르는 원예화된 고무나무는 대부분 뽕나무과 Moraceae 무화과나무속Ficus 나무들이에요. 대표적으로 인도고무나무가 있습니다.

주로 열대지방에서 서식하는 고무나무는 추위만 조심하면 키우기에 까다롭지 않은 식물이에요. 식물계의 스테디셀러, 국민 관엽식물이라고 불릴 만큼 대중적으로 많은 사랑을 받아서 가정을 비롯해 사무실에서도 많이 기르고 개업 축하 선물로도 인기가 높은 식물입니다.

원산지와 자생 환경

고무나무는 자생지인 열대지방에서는 굉장히 큰 나무로 성장합니다. 고온 다습한 환경에서는 줄기가 굵고 두꺼운 잎이 빼곡히 자라나는 특징이 있지요. 고무를 채취하기도 하지만 목질이 견고하면서 무게가 가벼워 가구 목재로도 각광받고 있습니다.

품종에 따라 정도가 다르지만 빛이 많을수록 웃자라지 않고 건강하게 자라요. 자연광이 부족한 사무실이나 아파트 거실에서도 무난하게 잘 자라지만 조금 더 짱짱하고 윤기 나는 잎을 원한다면 최대한 빛을 많이 받을 수 있는 창가에 놓아두는 것이 좋습니다. 두툼한 잎에 수분을 저장할 수 있어 건조한 환경에도 강한 편이에요. 반대로 너무 물 빠짐이 좋지 않은 흙에서는 과습으로 뿌리가 상할 수 있어요. 새잎은 뾰족하게 자라 나오는데 비닐막 같은 껍질을 벗고 잎이 펼쳐집니다.

관리 방법과 특징

추위만 조심하면 잘 자라기 때문에 관리하는 데 특별한 어려움은 없습니다. 사계절 온도와 습도를 일정하게 유지할 수 있는 식물원 같은 곳에서는 굉장히 크게 자라지만, 가정집 거실이나 베란다에서는 거대하게 성장하기는 힘들어요(키를 크게 키울 수는 있습니다).

일반적인 식물처럼 겉흙이 마르면 물을 주고, 길게 자란 가지를 잘라주면 아랫부분에서 새 가지가 자라납니다. 고무나무가 왕성하게 자란 상태라면 잘라낸 가지 아래에서 두세 개의 가지를 뻗기도 해요. 하지만 세력이 약하고 건강하지 않은 경우에는 하나의 가지만 나올 때가 많아요.

햇빛을 더 많이 받을 수 있는 옥외에서 키우면 더 잘 자라지 않을까 생각되는데, 이때는 한 가지 조심해야 할 점이 있습니다. 물론 자생지에서는 강한 햇빛 아래서도 건강하게 살아가지만 우리나라는 겨울이 있어요. 겨우내 추위를 피해 실내에서 지낸 고무나무를 봄이 되었다고 갑자기 직사광선 아래 두면 약한 빛에 적응했던 잎들이 화상을 입고 타버립니다. 고무나무를 봄부터 가을까지 옥외에서 키우고 싶다면 서서히 빛의 양을 늘려주면서 햇빛에 적응시켜야 합니다. 처음 며칠은 오전 햇빛이 잔잔하게 드는 곳에 두었다가 점점 빛이 많이 들어오는 곳으로 옮겨줍니다. 또한 한여름 뙤약볕에서는 힘들어할 수 있으니 차광이 된 곳에서 기르면 좋습니다.

고무나무의 잎을 자세히 살펴보면 벌레가 생긴 것은 아닌가 싶은 것들이 보일 거예요. 이것은 벌레나 병증이 아닌 고무나무가 호흡하는 구멍이에요. 이 구멍을 통해 이산화탄소를 흡수하고 산소를 내뿜는다고 합니다. 야외에서는 종종 내리는 비에 잎의 표면이 씻겨 호흡을 원활히 하지만 실내에서는 먼지 등이 잎에 내려앉으면 구멍을 막아 숨을 잘 못 쉴 수 있어요. 가끔 잎을 닦아주거나 물 샤워를 해주면 더 건강하고 반짝이는 잎을 볼 수 있습니다.

고무나무 또한 굉장히 다양한 품종이 있습니다. 세계적으로 약 800~2000종이 분포되어 있다고 해요. 예전만 하더라도 어두운 잎을 가진 인도고무나무나 멜라니고무나무 정도만 쉽게 찾아볼 수 있었어요. 하지만 요즘에는 잎에 화려한 무늬가 들어간 다양한 고무나무들을 볼 수 있습니다. 대표적으로 사랑받는 벵갈고무나무, 인도고무나무의 개량종인 수채화고무나무, 루비수채화고무나무 등이 있어요. 가장 최근에는 쉬베리아나 고무나무가 국내에 소개되어 많은 관심을 받고 있습니다. 또 작은 잎에 화려한 무늬가 있는 무늬프랑스고무나무가 인기 있습니다. 소개된 지 얼마 되지 않아 정확한 이름에 대한 의견도 분분한데, 정식 이름은 루비기노사 고무나무라고 합니다. 새로운 품종들은 초창기에는 굉장히 비싼 몸값이었지만 번식이 많이 이루어지면서 가격이 안정되었어요. 모두 인도고무나무에 준해서 키우면 될 정도로 강건하고 줄기를 잘라 번식하는 삽목이 잘되어 큰 사랑을 받고 있습니다.

이외에도 하트 모양 잎의 스윗하트 고무나무, 잎이 얇은 알리고무나무에 무늬가 들어간 무늬알리고무나무 등 굉장히 화려하고 아름다운 고무나무들이 많습니다.

고무나무를
굵게 키우고 싶어요!

　가끔 개업 축하 화분이나 집들이 화분으로 선물하는 벵갈고무나무와 떡갈잎고무나무를 보면 어른 팔뚝보다 굵은 목대를 가지고 있어요. 워낙 삽목이 잘되다 보니 작은 가지에서 시작해 굵은 나무로 키워내고 싶어 하는 분들이 많습니다. 저 또한 그랬어요. 하지만 저희 어머니가 고무나무를 35년 키우셨는데, 비료도 잘 챙겨주고 물과 빛도 충분히 주어도 목대가 더 이상 굵어지지 않았어요.

　독일 유학 당시 매년 음악 축제에 참여하기 위해 이탈리아 체르보cervo를 방문했습니다. 지중해성 기후로 겨울이 춥지 않고 사계절 온화한 도시예요. 그곳에서 땅에 뿌리를 내리고 자라는 인도고무나무를 많이 보았는데 엄청나게 굵은 목대를 가지고 있었어요. 집에서도 고무나무를 크게 키워보려고 도전했지만 번번이 실패했습니다. 연중 따뜻한 온도를 맞춰주지 못해 고무나무가 성장과 휴면을 반복한 것이 원인이 아닐까 추측하고 있습니다. 우리나라에서는 겨우내 성장을 멈추기니 속도를 늦추기 때문이죠. 그럼 우리가 본 그 굵은 목대의 고무나무는 어떻게 키운 것일까요?

　바로 원목을 수입하는 것이에요. 자생지에서 굵게 자란 고무나무의 굵은 가지를 손질하여 국내로 들여옵니다. 워낙 튼튼하고 삽목이 잘되기 때문에 굵은 원목도 흙에 심어 관리하면 뿌리와 새 가지들이 자라납니다.

벵갈고무나무의 잎이
돌돌 말려요!

집에 식물이 많아지면서 부득이하게 인도고무나무와 벵갈고무나무를 함께 거실 정원에서 기른 적이 있어요. 인도고무나무는 멀쩡한데 벵갈고무나무의 잎만 힘이 없고 말리기에 처음에는 수분 부족인가 싶었어요. 그래서 수분을 충분히 공급해봤지만 나아지지 않았습니다. 비료를 줘도 큰 변화가 없었어요. 혹시나 빛 부족이 아닌가 싶어 베란다 창가에 놓아두기를 한 달쯤 되니 새잎이 크고 쫙 펼쳐져서 자라는 거예요. 게다가 무늬의 색감도 굉장히 선명해졌습니다.

잎이 말리는 가장 큰 원인은 바로 빛 부족이었어요. 물론 수분이나 양분이 부족해도 잎이 말릴 수 있겠지만 빛이 부족하면 잎이 건강하게 자라지 못합니다. 그 뒤로 벵갈고무나무는 베란다에서도 가장 빛이 잘 드는 곳에 두고 키운답니다. 하지만 한 번 말린 잎은 다시 펴지지 않더라고요.

풍성한 고무나무로
키우는 방법

고무나무를 여러 줄기로 풍성하게 키우고 싶다면 '적심'을 시행해야 해요. 적심이란 식물의 생장점을 제거해 새로운 생장점을 여러 개 만들어내는 것입니다. 고무나무는 가지를 잘라내면 그 부분 아래에서 새로운 가지가 나오는데, 뿌리가 건강하고 흙에 양분이 풍부해야 여러 개의 가지가 올라옵니다.

고무나무를 적심하고 싶다면 사전 준비를 철저히 해야 해요. 건강한 뿌리로 성장시키고 화분의 흙도 비옥하게 바꿔줘야 합니다. 그렇지 않으면 새로운 가지가 하나만 자라나 모양만 삐뚤어집니다. 건강한 고무나무를 적심하면 그 아래에서 2개의 새 가지가 올라옵니다. 그 새 가지가 어느 정도 자랐을 때 또 줄기를 잘라서 2개의 가지가 나오는 식으로 가지치기를 통해 풍성하게 키울 수 있습니다.

독일카씨의
고무나무 연구일지

인도고무나무(35세 고무나무)
Ficus elastica

일반적으로 볼 수 있는 가장
대표적인 품종입니다. 이 나무는
제가 태어난 해 어머니께서
시장에서 200원 주고 샀다고
합니다. 나무가 어릴 적 태풍으로
화분이 넘어져 죽을 고비를
맞았는데 아버지께서 부목을 대어
살리셨다고 해요.

벵갈고무나무
Ficus benghalensis

유기 식물을 데려와 키운
거예요. 벵갈고무나무는
다른 고무나무에 비해 빛을
많이 필요로 합니다. 남향
베란다에서도 조금만 구석진
곳에 두면 잎과 잎 사이가
웃자라며 길어지고 잎이 말리는
현상이 생겨요. 한번 말린 잎은
회복되지 않습니다.

인도고무나무(아들 고무나무)
Ficus elastica

35세 고무나무를 번식시킨
개체입니다. 5년 동안 열심히
교정하면서 키웠더니 곧은
수형으로 자랐어요. 고무나무 품종
중 가장 강건한 것 같아요.

쉬베리아나 고무나무
Ficus elastica 'Shivereana'

검붉은 잎에 붉은 무늬가 자잘하게 들어가는
쉬베리아나 고무나무는 비교적 최근 소개된
품종이에요. 처음 소개되었을 때는 가격이 비쌌지만
조직 배양 개체가 나오면서 가격이 안정되었어요.

루비기노사 고무나무
Ficus rubiginosa variegata

흔히 '무늬프랑스고무나무'로 불려요. 사진만 보면
벵갈고무나무와 흡사하지만 루비기노사의 잎은
굉장히 작아요. 고무나무의 한 종류인 벤자민고무나무
정도의 크기입니다. 하지만 전체적으로 동글동글한
잎에 화려한 무늬가 들어가 굉장히 매력적이에요.

무늬알리고무나무
Ficus maclellandii 'Alii Variegated'

말하지 않으면 고무나무라고 생각하지 못할 모습이죠. 흡사
벤자민고무나무의 잎을 길게 늘려놓은 듯합니다. 초록색
잎을 가진 일반적인 알리고무나무는 그 나름대로 단정한
멋이 있는 데 비해 무늬알리고무나무는 굉장히 화려한
모습이에요.

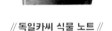

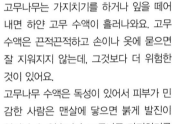

// 독일카쎄 식물 노트 //

고무나무 수액에는 독성이 있어요!

고무나무는 가지치기를 하거나 잎을 떼어
내면 하얀 고무 수액이 흘러나와요. 고무
수액은 끈적끈적하고 손이나 옷에 묻으면
잘 지워지지 않는데, 그것보다 더 위험한
것이 있어요.
고무나무 수액은 독성이 있어서 피부가 민
감한 사람은 맨살에 닿으면 붉게 발진이
일어날 수 있습니다. 고무나무 가지치기를
할 때는 꼭 장갑을 끼고, 자른 단면에 물티
슈 한 장을 올려두면 흘러나오는 하얀 수
액을 빨리 멈출 수 있어요.

고무나무는 물꽂이가 최고예요!

가지치기한 가지를 살리고 싶다면 물꽂이
를 추천합니다. 자른 단면에서 흘러나오는
수액은 흐르는 물에 잠시 대고 있어도 금
방 멎어요. 수액이 멎은 가지는 물에 담가
놓기만 해도 한 달 후 뿌리가 자라납니다.
주변에서 고무나무 물꽂이에 실패한 사람
을 본 적이 없을 만큼 강한 번식력을 가지
고 있어요. 뿌리가 많이 자라났을 때 흙에
심어 키우면 쑥쑥 자랄 거예요.

이국적인 생김새가 매력적인 식물
필로덴드론

학 명	Philodendron
자 생 지	브라질, 서인도제도 등
	열대아메리카
관리 레벨	★★★☆☆

필로덴드론, 너는 누구?

이국적인 잎 모양과 이름을 들으면 우리나라에 소개된 지 얼마 안 된 최신 식물이라고 생각하기 쉬워요. 하지만 생각보다 오래전 수입된 식물입니다. 사실 한 품종의 이름이 아니라 필로덴드론속屬으로 그 안에 굉장히 다양한 품종이 있습니다. 우리에게 친숙한 콩고, 셀렘(셀로움) 등이 바로 필로덴드론의 한 종류입니다. 최근 식테크 열풍과 반려식물의 인기로 더욱 다양한 필로덴드론속 식물들이 소개되고 있어요.

원산지와 자생 환경

필로덴드론은 열대아메리카에 속하는 브라질에서 주로 자생하는 식물입니다. 현재까지 소개된 것만 해도 200여 종이 넘고 지금도 야생에서 새로운 품종들이 종종 발견됩니다.

열대우림의 고온다습한 환경을 특히 좋아하고 땅에 내린 뿌리뿐 아니라 줄기 중간중간 뻗어난 공기뿌리(기근)를 통해서도 양분을 흡수하며 자랍니다. 다른 나무들처럼 혼자서 줄기를 단단하게 뻗기보다 바위나 나무 줄기에 자신의 몸을 기대어 살아가죠.

잎의 크기는 품종에 따라 다른데, 손바닥보다 작은 귀여운 잎을 가진 품종부터 1m가 넘는 거대한 잎의 품종도 있습니다. 열대우림의 나무 그늘 아래에서 자라는 만큼 직사광선보다는 어느 정도 차광된 빛 아래에서 잘 자랍니다.

관리 방법과 특징

실내 관엽식물로 큰 사랑을 받고 있는 필로덴드론속 식물들은 생각보다 관리가 쉬워요. 우리나라의 추운 겨울과 화분이 너무 축축해지는 과습만 조심하면 얼마든지 멋지게 키울 수 있습니다. 또한 필로덴드론들은 성장 속도가 굉장히 빨라서 식물이 자라는 모습을 지켜보고 싶은 경우나 아이들의 식물 관찰 일기용으로도 굉장히 좋아요.

몬스테라와 같이 키우는 경우가 많은데 생육 환경은 비슷하지만 뿌리 굵기에 큰 차이가 있어요. 필로덴드론의 뿌리가 몬스테라보다 훨씬 가늘고 과습에도 훨씬 취약합니다. 저도 2~3년 전에는 가는 뿌리를 가진 필로덴드론속 식물들을 분갈이할 때 고생을 많이 했어요. 물 빠짐이 좋지 않으면 뿌리가 많이 상해서 분갈이할 때마다 상한 뿌리를 정리해줘야 하고, 뿌리가 성치 않으니 지상부의 잎들이 다시 작아지는 악순환이 반복되었죠. 이러한 시행착오를 겪으며 현재 필로덴드론속 식물들은 물 빠짐이 좋게 원예용 상토와 산야초를 7 : 3 정도로 혼합하여 키웁니다. 뿌리의 발달도 좋고 상한 뿌리가 없으니 큰 화분으로 옮길 때 뿌리 정리를 하지 않고 그대로 옮겨도 되고, 뿌리가 건강하니 지상부의 잎은 점점 더 크고 멋스럽게 자라죠.

과습을 조심해야 하지만 과습으로 인해 급격하게 상태가 나빠진다거나 죽지는 않아요. 과습으로 뿌리가 상해도 줄기 마디에서 자라나는 기근을 통해 수분과 양분을 흡수하기 때문에 큰 타격 없이 자랍니다. 하지만 기근과 더불어 화분 속에서 자라는 뿌리도 건강하다면 더할 나위 없겠죠.

높은 습도를 좋아한다고 해서 많은 식물집사들이 필로덴드론을 위해 거실 자체의 습도를 높이려고 합니다. 가습기를 몇 대씩 틀어놓거나 집 안에 간이온실을 설치하기도 하지요. 물론 도움이 많이 되지만 실내에서라도 빛을 조금 보충해주고 물 빠짐이 좋은 흙에 심어 제때 물주기만 잘해도 건강하게 잘 자랍니다. 가습기를 틀지 않더라도 식물의 개체수가 늘어나면서 자연히 실내 습도가 조금씩 올라가고 식물들이 내뿜는 수분을 재흡수하면서 거실 자체가 하나의 작은 테라리엄화가 되어 식물이 스스로 굉장히 잘 자란답니다.

마디 중간에서 자라 나오는 공기뿌리 덕분에 번식도 굉장히 쉽습니다. 마디와 잎을 포함하여 줄기를 잘라 흙에 심어주기만 하면 새로운 개체가 탄생하죠. 처음 번식을 시도할 때는 흙에 바로 심기가 겁날 수 있어요. 이럴 때는 자른 줄기를 물에 담가 뿌리를 받은 후 흙에 정식해주어도 좋습니다.

최근 식테크 열풍의 선두주자 중 하나로 빼놓을 수 없을 만큼 식물집사
들에게 큰 사랑을 받고 있습니다. 품종이 굉장히 다양해서 컬렉팅을 목적
으로 키우는 경우도 있고 분양을 해서 수익을 올리기도 합니다. 한때 몸값
이 엄청나게 올랐던 필로덴드론들도 현재는 가격이 많이 안정되어 이전보
다 쉽게 접할 수 있어요. 식물의 가격도 주식과 마찬가지로 수요와 공급에
의해 형성됩니다. 원하는 사람은 많은데 개체수가 많지 않을 때 가격은 올
라갈 수밖에 없지요. 반대의 경우 가격은 점점 더 하락하고요.

이 열대아메리카의 식물들을 키우면 정말 재미있는 일들이 많아요. 특
히 최대 성장기인 여름철에는 아침마다 눈뜨면 확 달라진 멋진 모습을 감
상할 수 있습니다. 주변의 식물집사 지인들과 서로 품종을 교환하는 것도
즐거움 중 하나입니다.

위로 자라는 필로덴드론 vs
옆으로 자라는 필로덴드론

다양한 품종만큼 생육 모습에도 많은 차이가 있습니다. 보통 필로덴드론은 2가지 형태로 성장하는데, 바로 '직립형'과 '포복형'입니다.

{ 위로 자라는 직립형 }

줄기가 위로 뻗어 자라며 마디 간격이 넓은 것이 특징이에요. 자연에서도 나무 줄기를 타고 위로 계속 올라가면서 잎도 커져서 굉장히 멋지게 자랍니다. 실내에서 키울 때도 넓은 공간을 차지하지 않지만 아무래도 높이에 한계가 있죠. 잘 키우면 4~5m 높이까지 자라 천장에 금방 닿습니다. 성장 속도도 빨라서(키우는 사람 혹은 환경에 따라 차이는 있지만) 작은 모종으로 시작해도 1년 반에서 2년이 되면 실내 천장에 잎이 닿을 거예요. 그렇게 되면 아쉽지만 윗부분을 잘라서 번식할 수밖에 없어요.

{ 옆으로 자라는 포복형 }

줄기가 땅 표면을 기듯이 자랍니다. 마디 간격이 좁고 나무줄기를 타고 위로 올라가지 않고 옆으로 줄기를 내며 기근을 흙에 뻗는 특징이 있어요. 포복형 필로덴드론은 많은 잎들이 같은 높이에 자리 잡기 때문에 시각적으로 굉장히 풍성하고 멋지게 보입니다.

다만 옆으로 뻗어나가 줄기가 화분 밖으로 벗어나면 무거운 줄기가 화분 아래로 처져서 공간이 부족해질 수 있어요. 공간 제약이 없는 대형 카페나 하우스에서는 정말 멋지게 키울 수 있답니다.

천남성과 식물이
대체 뭐길래?

식물집사라면 '천남성'이라는 단어를 한 번쯤 들어봤을 거예요. 그만큼 많은 식물이 천남성과에 속합니다. 세계적으로 140속 4,000여 종이 있을 정도로 매우 큰 식물군에 속합니다. 외관상으로 큰 연관이 없어 보이는 몬스테라, 필로덴드론, 알로카시아, 안수리움 등도 천남성과 식물들이에요. 이렇게 묶인 가장 큰 이유 중 하나가 바로 '꽃차례' 때문입니다. 꽃차례란 꽃대에 꽃이 달린 배열이나 모양을 말하는데 형태에 따라 여러 가지로 나뉩니다. 크게 단꽃차례와 복꽃차례로 분류하며, 단꽃차례는 다시 총수꽃차례와 취산꽃차례 2가지로 나뉩니다. 천남성과 식물은 총수꽃차례 하위의 육수꽃차례에 속합니다.

쉽게 설명하면 천남성과 식물은 도깨비방망이 모양으로 생긴 꽃대 속에 수많은 꽃이 피는 특징을 가지고 있어요. 또한 많은 천남성과 식물의 꽃에서는 도깨비방망이 모양의 꽃대를 감싸고 있는 화포(불염포)를 볼 수 있습니다. 바로 이러한 모습을 육수꽃차례라고 합니다. 잎과 가지 모양은 제각각 달라도 비슷한 모양의 꽃을 피우는 식물이죠. 비슷한 모양의 꽃을 피우는 칼라, 스파티필럼도 천남성과 식물입니다.

천남성과 식물은 실내에서 원예용으로 키울 때는 특히 독성에 주의해야 합니다. 우리나라에도 여러 천남성과 식물이 자생하고 있습니다. 특히 이름 자체가 '천남성'인 식물의 뿌리는 독성이 있지만 약재로도 사용할 수 있어요. 물론 전문가의 도움을 받는 것이 가장 좋겠지요. 어린아이나 반려동물이 있다면 혹시라도 천남성과 식물의 잎을 뜯어 먹지 않도록 주의해주세요.

우리 결혼했어요!

수많은 품종이 있는 필로덴드론속 식물. 사람들의 관심이 높아지는 만큼 취미가들에 의해 새로운 품종들이 생겨나기도 하는데, 이것이 바로 교배종 필로덴드론입니다.

가정에서 필로덴드론을 교배해 씨앗을 맺고 채종하여 싹을 키워내기는 힘듭니다. 하지만 전문적으로 기르는 해외 여러 농장에서는 이미 수년 전부터 새로운 교배종을 탄생시켰습니다. 이들은 부모 개체의 특성을 물려받아 모양이 더 화려하고 교배종의 특징인 강건함으로 키우기 더 수월합니다. 하지만 같은 조합으로 탄생한 교배종이라도 물려받는 부모의 유전자 농도에 따라 모양이 조금씩 다릅니다. 대표적인 필로덴드론 하이브리드를 알아볼까요.

스플렌디드
Philodendron Splendid

필로덴드론 멜라노크리섬과 베루코섬을 교배한 것이에요. 우리나라에서 부모 개체 이름의 머리글자에 하이브리드라는 이름을 더해 '베멜하'로 통용되고 있죠. 잎이 예쁘고 강인해서 처음 필로덴드론을 키우는 분들에게 추천하고 싶어요.

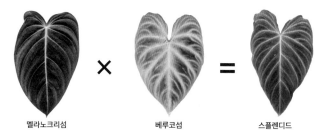

멜라노크리섬 × 베루코섬 = 스플렌디드

글로리어스

Philodendron Glorius

멜라노크리섬과 글로리오섬의 교배종이에요. 직립성 멜라노크리섬과 포복성 글로리오섬의 조합으로 넓고 둥근 잎을 가지며 직립성 유전자가 강해 위로 자라는 특징이 있어요.

멜라노크리섬 × 글로리오섬 = 글로리어스

마제스틱

Philodendron Majestic

필로덴드론 소디로이와 베루코섬의 교배종이에요. 소디로이의 멋진 무늬와 베루코섬의 멋진 잎맥을 닮아 화려하고 큰 잎을 자랑해요.

소디로이 × 베루코섬 = 마제스틱

맥도웰

Philodendron McDowell

포복성 필로덴드론의 양대 산맥인 파스타짜넘과 글로리오섬의 교배종이에요. 큰 잎을 가진 파스타짜넘과 벨벳 질감에 멋진 잎맥을 가진 글로리오섬의 특징을 고루 물려받아 크고 멋진 잎을 가지고 있답니다.

파스타짜넘 × 글로리오섬 = 맥도웰

독일카씨의
필로덴드론 **연구일지**

글로리오섬
Philodendron gloriosum

크고 둥근 잎에 선명한 잎맥이
매력적입니다. 옆으로 자라는
포복형 필로덴드론의 대표
주자예요.

파스타짜넘
Philodendron pastazanum

광택이 나는 잎을 가졌으며
필로덴드론속 식물 중 가장 큰
잎을 가진 품종 중 하나입니다.
역시 포복형으로 자라요.

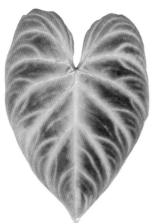

베루코섬
Philodendron verrucosum

진한 색의 잎과 강렬한 무늬의
잎맥을 가진 필로덴드론입니다.
직립형 필로덴드론이며 잎의
뒷면은 붉은색을 띕니다.
잎자루에 무수한 털이 자라는
특징 때문에 호불호가 있는
품종이에요.

멜라노크리섬
Philodendron melanochrysum

다른 품종에 비해 잎이 작고 타원형으로
길쭉해요. 잎의 색이 진하고 벨벳 질감의
표면이 멋있어요. 직립형 필로덴드론의
대표 주자로 줄기가 위를 향해 자랍니다.

플로우마니 블랙페이스
Philodendron plowmanii 'Black Face'

광택이 나는 잎을 가지고 있으며 약간의 프릴이 있어요. 강렬하고 매력적인 분위기 때문에 개인적으로 좋아하는 필로덴드론입니다. 역시 큰 잎을 가지고 있으며 포복형으로 자랍니다.

소디로이
Philodendron sodiroi

직립형 필로덴드론으로, 은빛 무늬가 특징이며 다른 품종에 비해 아담한 잎을 가지고 있어요. 거대하게 자라는 필로덴드론이 부담스럽다면 소디로이를 추천합니다.

마요이
Philodendron mayoi

둥근 잎의 다른 필로덴드론과 다르게 뾰족뾰족한 잎이 특징입니다. 직립형으로 자라며 성체의 잎은 매우 커서 굉장히 위엄 있고 매력적인 모습입니다. 독특한 모양의 식물을 찾는 분들에게 추천해요.

// 독일카씨 식물 노트 //
필로덴드론의 번식

필로덴드론은 연중 쉽게 번식이 가능합니다. 하지만 가장 왕성하게 성장하는 봄과 폭염을 제외한 여름철에 가장 빠르고 안전하게 번식할 수 있어요. 마디와 기근을 포함해 줄기를 잘라 흙에 심어주기만 해도 한 달 정도면 많은 뿌리와 새로운 줄기가 나옵니다.

초보 식물집사나 처음 필로덴드론을 번식할 때는 뿌리가 돋아나는 것을 볼 수 없어서 자꾸 건드리게 됩니다. 이런 경우에는 흙에 바로 심기보다 물에 담가 뿌리가 왕성하게 자라고 새순이 돋아나는 것을 확인하고 흙에 심어주면 좋아요.

·······························

파스타짜넘, 너는 어디에?

포복성 필로덴드론 중 가장 인기 있는 파스타짜넘. 하지만 우리나라에 많이 퍼져 있는 것은 사실 파스타짜넘이 아니라는 이야기가 있습니다. 비교적 최근에 소개되면서 인기가 높아진 파스타짜넘은 사실 파스타짜넘과 글로리오섬의 교배종인 맥도웰일 가능성이 높다고 합니다. 저 또한 파스타짜넘과 맥도웰 둘 다 키우고 있는데 모양에 큰 차이가 없습니다. 처음에는 맥도웰이 파스타짜넘의 유전자를 많이 받아서 그런가 싶었지만, 최근 식물계에서는 우리나라에 많이 퍼진 파스타짜넘이 사실은 맥도웰이라는 의견이 지배적입니다. 이렇듯 식물의 인기가 높아지면서 이름이 바뀔 수도 있습니다.

이렇게 화려한 잎이 있다니
베고니아

학 명	Begonia
자 생 지	브라질 및 열대지방
관리 레벨	★★★☆☆

베고니아, 너는 누구?

식물을 감상하는 기준은 사람마다 다르겠지만 크게 꽃을 감상하는 식물과 잎을 감상하는 식물로 나눌 수 있습니다. 베고니아는 2가지를 모두 충족하는 매우 아름다운 식물이지요. 또한 수많은 품종이 존재하며 '이게 같은 베고니아인가?'라는 생각이 들 정도로 생김새도 다릅니다. 한번 빠지면 베고니아만 키우며 여러 품종을 모을 정도로 매력적이고 마니아가 많기로 유명한 식물입니다.

원산지와 자생 환경

베고니아의 원산지는 브라질을 비롯한 열대아메리카입니다. 우리나라에서는 추위만 조심하면 무탈하게 키울 수 있습니다. 베고니아는 크게 구근 베고니아, 근경 베고니아, 목성 베고니아로 나뉘고 그 안에도 수많은 품종이 있습니다.

같은 베고니아라도 생육 환경이 많이 다르므로 조금씩 다르게 관리해줘야 합니다. 특히 최근에는 목성 베고니아와 근경 베고니아의 인기가 높아지고 있습니다.

관리 방법과 특징

원예상의 분류로 꽃 베고니아, 관엽 베고니아, 목성 베고니아로 나눌 수 있지만, 관리 방법이나 생태를 이해하기 위해서는 뿌리의 종류에 따라 분류해서 특징을 알아보는 것이 좋습니다.

목성 베고니아

목성 베고니아는 흔히 목베고니아라고 불립니다. 줄기가 목질화되어 나무는 아니지만 나무처럼 키가 많이 커지는 베고니아입니다. 베고니아 중 가장 관리하기 쉽고 튼튼해서 처음 베고니아를 접하는 분들이나 초보 식집사에게 추천하는 식물이에요. 작은 모종으로 시작하더라도 1~2년 정도면 굉장히 멋진 모습으로 자라나며 번식도 굉장히 잘되어서 성장하는 모습을 관찰하기에 좋습니다.

화려한 잎을 가진 목베고니아는 특히 초록색 잎에 하얀 물방울무늬가 나타나는 품종이 많아요. 꽃을 자주 피우지 않아서 꽃이 안 피는 줄 아는 사람들도 많지만 아름다운 꽃을 피웁니다. 특히 왕성하게 자란 목베고니아는 주먹보다 큰 꽃볼에 작은 꽃들이 모여 큰 꽃더미를 이룹니다.

잎꽂이와 잎맥꽂이가 모두 가능한 근경 베고니아와 달리 목성 베고니아는 잎꽂이 또는 잎맥꽂이가 되지 않습니다. 물론 목성 베고니아 안에도 다양한 품종이 있는 만큼 한두 품종은 잎꽂이가 된다고 하지만 대부분 안 된다고 보면 됩니다. 목성 베고니아는 줄기와 마디(잎자루가 나온 부분)가 포함되어 있어야 새 뿌리를 내리고 새로운 가지를 냅니다. 잎자루와 잎 자체에는 새로운 개제로 사라는 생장점이 없다고 볼 수 있습니다.

목베고니아는 물을 굉장히 좋아해서 과습만 조심하며 자주 물을 줘도 됩니다. 베고니아를 심거나 분갈이할 때 배수가 잘되는 흙 배합을 해주면 좋습니다. 또 반음지 또는 음지에서도 잘 자라는데 여기서 말하는 반음지는 베란다의 밝은 곳을 의미합니다.

우리나라에서는 베고니아를 실내에서 많이 키우지요. 종종 덩치가 큰 목베고니아를 옥외에서 키우는 경우도 있는데 직사광선을 받으면 잎들이 모두 타버릴 수 있으니 주의합니다. 옥외에서 키운다면 반드시 그늘진 곳에 두어야 하고, 실내에서 키운다면 햇빛이 잘 드는 창가에 두는 것이 좋습니다.

근경 베고니아

목베고니아와 쌍벽을 이루며 마니아층을 확보한 근경 베고니아는 키가 크고 줄기를 땅 위로 뻗으며 기듯이 자랍니다. 땅 위로 퍼지는 줄기에서 화려한 잎이 풍성하게 자라지요. 위로 자라는 목베고니아와는 정반대 모습입니다. 이렇듯 목베고니아와 근경 베고니아는 생김새가 다른 만큼 생육 환경에도 큰 차이가 있어요.

근경 베고니아는 꽃보다 화려한 잎을 감상하는 경우가 많습니다. 연잎처럼 동그랗게 자라는 베고니아부터 골뱅이처럼 돌돌 말리는 품종도 있죠. 잎에 화려한 색감의 무늬가 들어가는 품종도 있고 잎에 솜털이 자라 반짝이는 품종도 있습니다.

근경 베고니아는 관리하기가 살짝 까다로워서 처음 식물을 키우는 초보자에게는 추천하지 않아요. 목베고니아와 달리 줄기가 연해서 과습과 곰팡이성 질병에 취약하거든요. 과습으로 뿌리가 쉽게 상하지만 동시에 높은 습도를 좋아해서 어떻게 관리해야 할지 난감합니다.

높은 습도를 좋아하면서 과습을 싫어하기 때문에 배수가 잘되는 흙에 심고 스프레이로 물을 자주 뿌려주어야 합니다. 하지만 여기서 또 한 가지 문제가 생깁니다. 여름철 실내 공기가 정체되어 있는 경우 높은 습도와 높은 온도에 의해 곰팡이성 질병에 걸리기 쉽다는 것입니다. 따라서 근경 베고니아를 건강하게 관리하기 위해서는 서큘레이터를 사용해 공기의 흐름을 원활히 해주고 세균이 번식하지 않는 환경을 만들어주는 것이 중요합니다. 그래서 자연 상태와 비슷한 '테라리엄' 안에서 키우기도 합니다. 서큘레이터를 틀어 공기를 순환시키고, 흙은 항상 촉촉하고 공기 중의 습도는 높게 유지하는 것이지요.

목베고니아에 비해 화려하지는 않지만 근경 베고니아 역시 꽃을 피웁니다. 보통 음지에서 잘 자라는데, 빛이 부족한 환경에서도 꽃을 잘 피웁니다. 하지만 화장실처럼 빛이 전혀 들지 않는 곳에서 자라기는 힘들어요. 베란다의 그늘진 곳이나 아침 햇빛이 잠깐 들고 지는 곳이 최고의 환경입니다.

뿌리 부분이 둥근 덩이줄기로 되어 있는 베고니아입니다. 감자와 비슷한 모양이고 화려한 꽃을 피웁니다. 크게 자라는 편이며 휴면기가 있습니다.

꽃의 크기와 줄기의 특성에 따라 나뉩니다. 대륜종은 꽃의 직경이 10~25cm이며 장미꽃을 닮은 로즈형, 카네이션을 닮은 카네이션형, 동백꽃을 닮은 카멜리아형, 그리고 아네모네형이 있어요. 소륜종은 꽃의 직경이 5~8cm이며 다화성으로 가지의 수가 많고 꽃도 많이 핍니다. 가지를 많이 치고 줄기가 늘어진 상태에서 꽃이 피는 현애종은 화분에 심어 매달아 키웁니다. 장일식물(일조 시간이 12시간 이상이면 꽃봉오리를 맺는 식물)로서 14시간 이상 빛을 쬐어야 잎과 꽃눈이 분화하고 생육이 계속됩니다.

최근 트렌드

수많은 베고니아 품종이 소개되어 많은 사랑을 받고 있죠. 번식이 잘되기 때문에 개인 분양도 많이 이루어지고, 각자 다른 품종의 베고니아를 키워 식친(식물친구)과 서로 교환하기도 합니다. 이는 SNS의 발달도 큰 몫을 했죠. 베고니아 전문 커뮤니티가 있을 정도로 마니아가 많기 때문에 같은 식물을 좋아하는 사람들과 교류하며 더 재미있게 베고니아를 키울 수 있습니다.

또한 전문가 수준의 지식과 배양 기술을 가진 마니아도 많아지면서 교잡(교배)을 직접 시도하는 경우도 많아서 앞으로 베고니아의 품종은 더욱 많아지고 다양해질 것입니다.

목성 베고니아 교정에
목숨 걸지 마세요!

저는 근경 베고니아보다 목성 베고니아를 조금 더 좋아합니다. 대나무처럼 뻗은 곧은 줄기와 그 줄기 사이사이에 난 물방울무늬의 예쁜 잎들이 좋아요. 목성 베고니아를 사랑하는 분들이라면 가지런하고 쭉쭉 뻗은 줄기를 원할 거예요. 저도 처음 목성 베고니아를 키울 때 그런 멋진 목대를 위해 한 달에 한두 번씩 줄기 교정을 했어요. 목성 베고니아를 삽목하여 키우면 우리가 원하는 것처럼 가지가 하늘을 향해 쭉쭉 뻗지 않거든요. 가지는 얇고 새로 자라는 잎들은 무거워서 자연히 줄기가 구부러집니다. 이 가지가 경화되기 전에 곧게 펴주는 작업을 해야 하는데, 그때 사고가 많이 일어납니다. 구부러진 가지를 무리하게 펴려고 잡아당기다 또각하고 부러지는 것이죠.

목성 베고니아의 가지를 곧게 교정하기 위한 꿀팁은 바로 수분을 말리는 것입니다. 가지에 수분이 많을수록 교정할 때 부러지기 쉬워요. 이럴 때는 하루 이틀 물주기를 미뤄 수분이 많지 않은 상태에서 교정해야 훨씬 수월합니다.

하지만 굳이 교정하지 않는 것을 추천합니다. 목성 베고니아는 성장하면서 많은 뿌리를 내므로 적절한 시기에 분갈이만 해준다면 땅속 뿌리에서 죽순같이 튼튼한 새 줄기가 올라옵니다. 그렇게 흙 아래에서 올라온 줄기는 교정이 많이 필요하지 않을 정도로 굵고 곧게 성장합니다. 어린 개체일 때는 보기 힘든 모습이에요. 목성 베고니아가 너무 어릴 때는 교정하지 말고 어느 정도 자라서 굵고 곧은 가지를 내어줄 때까지 기다려보세요.

목성 베고니아 vs 근경 베고니아 번식법

베고니아 인기의 양대 산맥 목성 베고니아와 근경 베고니아는 생김새와 생육 환경이 다른 만큼 번식 방법도 전혀 다릅니다.

물론 두 베고니아 모두 뿌리찢기를 통해 번식할 수 있지만 보통 오랜 기간 베고니아를 키워 덩치가 엄청 커졌을 때 가능하며, 대부분의 다른 식물들도 비슷합니다.

목베고니아는 가지를 잘라 **삽목을 하거나 물꽂이**로 뿌리를 내려 번식합니다. 실패 확률이 거의 없을 정도로 번식하기가 쉬워요. 잘 자란 가지를 마디와 잎을 포함해 자른 후 흙에 꽂아두고 물을 주며 관리하거나 물에 담가 뿌리를 내린 후 흙에 심어주면 됩니다. 번식이 쉬운 만큼 생육 속도도 왕성합니다. 삽목 번식에 성공한 목성 베고니아는 몇 달 정도면 꽃을 피울 정도이지요.

근경 베고니아 역시 번식 성공률이 매우 높습니다. 목성 베고니아와 다른 점은 삽목 대신 **잎꽂이와 잎맥꽂이**를 통해 번식을 많이 한다는 것입니다. 근경 베고니아는 줄기에서 자라난 잎을 잎자루째 잘라 흙이나 수태에 꽂아두면 자른 잎줄기에서 작은 잎들이 많이 자라 나옵니다. 여기서 놀라운 것은 근경 베고니아는 잎맥꽂이가 된다는 것인데요. 잎 자체를 가위로 조각조각 오려 수태 위에 올려두면 잎맥에서 뿌리가 나오며 새순이 자라난다는 것입니다. 한 번에 수많은 개체로 불어나기 때문에 번식하는 재미가 있지만 생육 속도가 상당히 느립니다. 잎자루나 잎맥에서 새로운 뿌리와 새순이 자랄 때까지 한두 달 정도 걸립니다. 그 후에 흙으로 이식할 수준까지 자라는 데는 최소 4~5개월이 필요합니다. 번식은 쉽지만 완벽하게 성장할 때까지 많은 관리가 필요하지요.

독일카씨의
베고니아 연구일지

**목성
베고니아**

스노우캡
Begonia Snow Capped

가장 좋아하는 목베고니아 품종 중
하나예요. 초록색 잎에 불규칙적인
하얀 물방울무늬가 특징입니다. 빛이
충분한 곳에서 잘 키우면 분홍빛
풍성한 꽃도 보여줘요. 2년 이상 잘
관리하면 2m 넘게 자라기도 합니다.

자니타주엘
Begonia Janita's Juwel

스노우캡과 비슷한 특징을 가지고
있지만 잎 색이 조금 더 연한 편이에요.
설탕을 뿌려놓은 쌀과자와 비슷한 무늬를
가지고 있어요. 2년 넘게 키우고 있는데
스노우캡만큼 거대하게 성장하지는 않는 것
같아요(물론 개체 자체의 특성일 수 있어요).

마큘라타
Begonia maculata

초록색 잎에 흰색 물방울무늬가 조화처럼
보여서 호불호가 있기도 합니다. 길쭉하고 큰
잎을 가지고 있으며 키가 크게 자라요. 보통
분홍색 꽃을 피우며, 변이종으로 흰 꽃이 피는
'와이티이(Wightii)'도 있답니다.

근경
베고니아

푸토엔시스
Begonia phutoensis

연잎을 닮은 둥근 초록 잎을 가진 근경
베고니아입니다. 잎꽂이가 잘되고
잎맥꽂이로도 번식이 굉장히 쉬워요.
목베고니아가 가지를 위로 올리며
자란다면 근경 베고니아는 포복형으로
땅을 기는 형태로 자랍니다.

고에고엔시스
Begonia goegoensis

푸토엔시스와 비슷하게 생겼지만 확실히
어두운 잎을 가진 것이 특징이에요. 근경
베고니아는 화려한 잎 무늬의 매력에 빠지면
끝이 없기 때문에 저는 딱 이렇게 두 종만
기르고 있어요.

// 독일카씨 식물 노트 //

곰팡이와의 사투

베고니아, 특히 근경 베고니아를 키울 때
가장 조심해야 할 부분이 곰팡이성 질병이
에요. 고온다습한 장마철에는 근경 베고니
아의 줄기와 잎자루에 곰팡이가 자주 핍니
다. 곰팡이가 조금 생겼을 때 환기를 잘 해
주고 물 샤워를 시켜주면 큰 문제 없이 사
라지지만, 자칫 시기를 놓치면 무서운 속도
로 번집니다. 곰팡이가 생긴 근경 베고니아
는 한순간에 무너질 수 있어요.

이럴 때는 식물 살균제를 꼭 구비해두고
사용하면 좋아요. 식물 살균제는 인터넷으
로는 구할 수 없고 종묘사 혹은 농약사에
가야 하는데, 한 병 사두면 오래 사용할 수
있습니다.

식물 살균제는 이미 곰팡이가 창궐했을 때
사용하지만 여름이 다가오기 전 예방 차원
에서 뿌려줘도 좋아요. 근경 베고니아의
개체수가 많지 않아 구입하기 부담된다면,
물 500㎖에 락스 혹은 곰팡이 제거제 한
방울을 섞어서 뿌리면 비슷한 효과를 볼
수 있어요.

물을 좋아해서 이름도
수국

학　명」Hydrangea
자 생 지」한국, 중국, 일본,
　　　　인도네시아 일부
관리 레벨」★★★★☆

수국, 너는 누구?

탐스럽고 커다란 꽃을 피워 인기가 많은 수국. 물을 좋아하고 많이 필요로 한다고 해서 수국이라는 이름을 가지게 되었어요. 우리나라에서는 어버이날 카네이션을 선물하는데, 일본은 어머니날에 수국을 선물한다고 해요. 아주 작은 꽃들이 큰 공처럼 둥글게 모여 있는 수국은 꽃다발의 메인을 장식하는 몇 안 되는 꽃입니다. 특히 부케에도 많이 사용하죠.

수국은 우리나라와 중국, 일본 등 동아시아에 자생하는 식물입니다. 특히 일본에서 다양한 품종이 개량되고 육종되었어요. 현재는 네덜란드와 프랑스를 비롯한 유럽 국가와 미국에서 다양하게 육종되고 있습니다.

수국은 진짜 꽃(참꽃)과 가짜 꽃(헛꽃)을 가지고 있어요. 화려하고 큰 수국 꽃송이는 사실 가짜 꽃이에요. 화려한 모습으로 곤충들을 유혹하기 위해 피어난 유인화이죠. 진짜 씨앗을 맺는 참꽃은 그 사이에 작게 피어납니다. 물론 품종에 따라 참꽃이 유인화처럼 크게 개량된 것도 있어요.

야생 분수국은 우리나라 남부지방 일부와 제주도에서 주로 자생합니다. 산수국은 우리나라 전역에 자생해요. 아직도 한라산과 강원 산간에서 새로운 형질의 산수국들이 계속 발견되기도 합니다. 산수국은 일반적으로 꽃무더기 가운데 참꽃이 피고 그 가장자리로 크고 화려한 유인화를 피우죠. 산수국 중에서도 자연적인 변이를 일으켜 탄생하는 것이 우리가 흔히 아는 분수국(동그란 형태의 수국)이에요. 이 분수국을 육종 개량하여 화려하고 다양한 모양의 수국들이 탄생하는 것입니다.

기본적으로 물과 습한 환경을 좋아하지만 물 빠짐이 좋지 않아 항상 축축한 곳에서는 잘 살지 못합니다. 물 빠짐이 좋고 새벽녘 운무가 잘 끼는 산중턱을 좋아하죠. 또한 흙의 산도에 따라 붉거나 푸른 꽃을 피웁니다. 우리에게 익숙한 분수국(원예수국) 외에도 산수국, 목수국, 아나벨수국(미국 수국), 등수국, 떡갈잎수국 등 굉장히 다양한 종류의 수국이 있습니다.

원예수국을 제외한 모든 수국은 추위에 강해 우리나라 전국 어디에서든 월동을 잘하고 매년 꽃을 피웁니다. 하지만 원예수국은 겨울에 영하의 기온으로 자주 내려가는 추운 지역에서는 꽃눈이 얼어버려 이듬해 꽃을 피우지 못하는 경우가 많아요. 그래서 꽃을 피우지 못하는 수국을 '깻잎수국'이라고 부른답니다.

수국은 6~8월에 예쁜 꽃을 피웁니다. 수국 자체는 건강하고 영하의 날씨에도 쉽게 얼어 죽지 않는 식물이지만, 원예수국은 환경적 이유로 우리나라 남부지방 일부를 제외하고는 꽃을 피우기가 힘들답니다.

관리 방법과 특징

물주기

화분에 재배하는 수국은 기본적으로 겉흙이 마르면 물을 듬뿍 주면서 관리합니다. 노지 수국은 흙 표면 전체가 말랐을 때 물을 흠뻑 주는데 단, 햇빛의 양과 계절을 충분히 고려해야 합니다.

● **여름 :** 봄과 가을에는 온도가 높지 않기 때문에 흙이 마를 때만 물을 주어도 충분합니다. 하지만 여름철에는 높은 온도와 햇빛에 노출되면 잎이 축 처지는 경우가 많아요. 특히 꽃대가 올라오는 늦봄부터 여름까지는 매일 아침 물을 주는 것이 좋아요. 잎에 물이 닿지 않는 것이 가장 좋지만 수국이 많을 경우 해가 뜨기 전 자유롭게 물을 주면 편합니다. 아침에 물을 챙겨주어도 한낮이 되면 수국이 처질 때가 있습니다. 이럴 때는 해가 지고 난 저녁에 한 번 더 물을 주는 것이 좋아요. 하지만 이것도 상황에 따라 판단합니다. 한낮에 수국이 축 처졌다가 해가 지고 나서 다시 꼿꼿이 일어선다면 그날 오후에는 물을 주지 않아도 괜찮아요. 또 비 오기 전날에도 물을 주지 않는 것이 좋습니다.

● **겨울 :** 월동 중에는 성장이 멈춰 있으니 물이 많이 필요하지는 않지만 아예 물을 주지 않으면 말라 죽을 수 있어요. 한 달에 한 번 정도 겉흙이 마르고 속흙까지 어느 정도 말랐다 싶을 때 겉흙만 살짝 적셔주는 정도로 물을 줍니다. 30cm 화분 기준으로 종이컵 2개 정도의 양이에요. 최소한의 물만 보충해주고 이듬해 봄 성장이 시작되면 다시 충분한 물을 줍니다.

꽃을 피우는 3가지 조건

❶ 건강하고 성숙한 개체일 것

분수국(원예수국)은 성숙한 개체이고 건강한 상태일 때 꽃을 피웁니다. 간혹 삽목을 통해 번식한 개체도 이듬해 꽃을 피우긴 하지만 굉장히 작고 예쁘지 않아요. 보통 삽목 후 2년은 되어야 제대로 된 꽃을 피웁니다.

❷ 풍부한 일조량(하루 4시간 이상 해가 드는 곳)

수국은 노지 기준으로 반양지부터 양지까지 모두 성장할 수 있습니다. 하지만 해가 거의 들지 않는 건물의 그늘이나 큰 나무 아래에서는 꽃을 피우지 못하는 경우가 많아요. 적어도 하루에 4시간 정도는 햇빛을 받을 수 있는 곳이 좋아요. 특히 오전 햇빛이 가장 좋아요.

양지에서 꽃을 잘 피우지만 더운 여름에 장시간 햇빛을 받으면 물 부족으로 줄기가 처지고 잎이 탈 수 있어요. 하루에 물을 2~3번 주거나 자동으로 물 주는 장치가 없다면 하루 종일 햇빛이 드는 곳도 위험할 수 있어요. 가장 좋은 환경은 오전에 햇빛이 들고 정오를 기점으로 해가 점점 가려지는 곳입니다.

❸ 늦가을 꽃눈 분화

원예수국은 10월경 꽃눈 분화를 시작합니다. 건강하고 일조량이 풍부한 경우 이맘때 성장을 멈추고 가지 끝 잎눈 속에 꽃눈이 만들어지기 시작하죠. 기온이 낮아지기 시작하면서 잎이 지고 꽃눈이 생성되는 것이에요. 꽃눈은 겨울 동안 휴면을 거친 후 이듬해 성장이 시작되면서 부풀어 올라 꽃을 피웁니다.

수국꽃이 피지 않는 경우

☑ 빛이 거의 들지 않는 실내

수국은 아파트 베란다에서도 꽃을 피웁니다. 하지만 베란다가 북향으로 빛이 거의 들지 않거나 겨울철 온도가 높은 거실에서는 꽃눈 분화가 일어나지 않아 꽃을 피우기 힘들어요.

☑ 겨울에 월동을 시키지 않았을 때

수국은 가을에 꽃눈 분화를 거쳐야만 꽃을 피웁니다. 온도가 낮아지지 않고 계속 따뜻하게 유지되면 성장만 계속하고 꽃을 피우지 않습니다. 처음 2년 정도는 휴면 없이 성장해도 큰 문제 없지만 이후에 수국의 세력이 점점 약해지기 때문에 장기간 월동 휴면 없이 키우는 것은 위험해요. 사람에 비유하면 잠을 안 재우고 계속 일을 시키는 것과 같다고 할 수 있죠.

☑ 물 빠짐이 좋지 않아 뿌리에 과습이 왔을 때

물 빠짐이 너무 안 좋은 화분이나 노지에 심은 경우에도 꽃을 피우기 힘들어요. 뿌리가 건강해야 양분을 잘 흡수하고 잎과 줄기를 튼튼하게 키워 꽃을 피우니까요. 뿌리가 상해버리면 꽃은 고사하고 건강한 줄기와 잎이 나기도 힘들겠죠?

☑ 꽃눈이 형성된 후 뒤늦은 가지치기

가지치기를 잘못하여 꽃을 못 보는 경우도 굉장히 많습니다. 10월 수국이 꽃눈 분화를 했는데, 이후에 가지치기로 꽃눈을 모두 잘라버리면 이듬해 꽃을 피울 수가 없겠죠.

☑ 너무 추워 꽃눈이 얼어버린 경우

10월 꽃눈 분화를 다 했는데 겨울에 너무 추워 꽃눈이 얼어버려도 꽃을 피우지 않아요. 가장 위험한 경우가 바로 첫 서리가 내리는 때예요. 꽃눈이 완전히 경화(단단하게 굳어지는 것)되지 않았기 때문에 영하의 날씨가 아니어도 서리만으로 꽃눈이 상할 수 있습니다. 꽃눈이 제대로 경화되면 한겨울 영하 5도에도 잘 버팁니다. 다만 북쪽에서 불어오는 찬바람을 지속적으로 맞으면 온도가 낮지 않아도 꽃눈이 상할 수 있어요.

굉장히 다양한 수국이 개발되어 개인의 취향에 따라 품종을 선택할 수 있는 폭이 넓어졌습니다. 꽃볼 자체가 큰 수국, 꽃잎에 무늬가 있는 수국, 꽃잎에 프릴이 들어간 수국, 흙의 산도에 영향을 받지 않고 항상 빨간 꽃을 피우는 수국 등 다양한 원예수국들이 등장했습니다.

수국의 인기가 높다 보니 제주를 비롯한 여러 도시에서 여름 수국 축제를 개최합니다. 수국이 가득 핀 수국길을 조성하고 하우스를 만들어 관광객을 유치하는 곳도 많아요. 카페에서도 수국을 많이 심어 미니 수국 축제를 열기도 합니다. 저 또한 수국을 너무 좋아해서 홍천 정원에 100여 그루를 심어서 가꾸고 있답니다.

추운 곳에서 일반 원예수국을
키우고 싶다면?

겨울에 수국의 꽃눈이 얼 정도로 추운 곳이라면 화분 재배를 추천합니다. 화분에 심으면 겨울에 꽃눈이 얼지 않도록 관리하기가 쉬우니까요. 다만 수국 성장기인 봄부터 가을까지 베란다에 두면 빛이 부족해 조금 웃자랄 수 있으니 공간이 있다면 화분에 심어 노지에 두는 것이 좋습니다.

계속 화분에 재배하기 어렵다면 봄철 꽃샘추위가 끝난 직후 밭이나 정원에 수국을 심어 포기를 크게 키운 후 서리가 내리기 전 땅에서 캐내 화분에 심어서 월동하는 방법이 있습니다. 화분보다 노지 땅에 심어서 키우면 훨씬 잘 성장하거든요. 가을에 캐낼 때 뿌리가 손상되어 이듬해 꽃을 피우지 못하는 거 아니냐는 질문을 종종 받습니다. 뿌리가 손상되더라도 성장이 멈춘 상태이기 때문에 꽃을 피우는 데 큰 문제 없어요. 이듬해 봄 새순이 돋아나면서 뿌리도 많이 내려 몇 달 만에 큰 화분 속에 뿌리가 꽉 차고 꽃도 풍성하게 피웁니다.

화분에 옮겨 심지 않고 노지에 재배하면 겨울에 비닐막과 부직포 등으로 월동 채비를 해줍니다. 비닐막이나 월동 부직포만 잘 씌워줘도 큰 도움이 됩니다. 종종 비닐막이나 월동 부직포 속에 신문지나 왕겨 등 온도를 유지할 재료를 넣는 경우도 많아요. 실제로 많이 사용되는 방법이지만 제가 수국을 키우는 강원도 홍천에서는 꽃눈을 지켜내지 못했습니다. 하지만 겨울바람이 심하지 않은 남부지방에서는 요긴한 방법이에요.

월동 중인 수국 화분.

추운 곳에서도 꽃을 피우는
수국이 있다

일반 원예수국은 봄부터 자란 가지 끝의 새순이 가을에 성장이 둔화되면서 꽃눈 분화를 합니다. 날씨가 계속 추워지면 잎이 떨어지고 촛불 모양의 순만 가지 끝에 달린 채 겨울을 나지요. 그리고 이듬해 봄이 되면 4~5쌍의 잎을 올려 화려한 꽃을 피웁니다. 다만 너무 추운 곳에서는 이 꽃눈이 얼어서 꽃을 피우지 못합니다.

하지만 추운 곳에서도 꽃을 피우는 특별한 수국이 있습니다. 바로 당년지수국이에요. 약 30여 년 전 미국에서 발견되었다는 설이 있어요. 미국에서도 수국이 생육하기 힘든 추운 지역에서 어떠한 이유인지 변이가 생긴 수국이 발견되었고 그것을 육종한 것이 당년지수국 품종의 시초라고 합니다.

당년지수국은 이름에서도 알 수 있듯이 해당 연도에 올라온 가지에서도 꽃을 피우는 수국입니다. 이것은 굉장히 주목할 만한 특징이에요. 수국꽃 피우는 방법, 꽃눈 보호하는 방법 등과 같이 어렵고 복잡한 관리가 필요 없다는 뜻이니까요. 모든 수국은 내한성 자체는 매우 뛰어나서 겨울에도 웬만하면 죽지 않아요. 땅 위로 올라온 가지와 잎들이 모두 얼어 죽어도 땅속에 뻗은 뿌리와 밑동은 죽지 않죠. 그래서 엄청나게 추운 지역에서도 매년 새로운 가지가 자란답니다. 다만 가을에 분화된 꽃눈이 겨우내 얼어버려서 꽃을 피우지 못하는 것이에요.

하지만 당년지수국은 매년 겨울 지상부가 모두 얼어 죽어도 이듬해 봄에 올라오는 새 가지에서 꽃을 피웁니다. 실제로 추운 홍천에서도 매년 수국들이 아름다운 꽃을 피워요. 당년지수국의 꽃눈 분화가 어떤 식으로 이루어지는지에 대한 정확한 이론은 아직 없지만 봄 이후에 올라온 가지에서 꽃을 피우는 것으로 보아 저온에서 꽃눈 분화가 이루어지는 것은 아닌 듯합니다. 여름 이후에 올라온 가지에서도 종종 꽃을 피워 가을까지도 수국을 감상할 수 있어요. 인기 있는 당년지수국으로는 엔들리스섬머 시리즈, LA드림, 만화경수국, 테마리테마리 등이 있습니다.

많은 이들의 로망,
파란 수국 피우기

　산성도(pH)에 따라 수국의 색이 바뀐다는 사실은 많이 알고 있을 거예요. 산성 토양에서는 파란색, 염기성 토양에서는 분홍색 꽃을 피우는 것입니다. 사실 농장에서 출하되는 파란색 수국은 산성 토양만으로는 피워내기 힘들어요. 산성 토양에 알루미늄 성분이 추가되어 수국이 흡수해야만 진한 파란색 꽃을 피웁니다. 보통 농장에서는 황산알루미늄을 물에 소량 녹여 수국의 꽃눈이 자라기 시작할 때부터 2주 간격으로 3~4번 정도 관수합니다. 황산알루미늄은 산성 토양에서 이온화되어 분리되어야 수국이 흡수할 수 있는 상태가 됩니다. 황산알루미늄을 구하기 힘든 경우 백반을 사용하기도 하는데, 황산알루미늄에 비해 효과가 살짝 떨어집니다. 하지만 황산알루미늄을 사용하면 수국의 뿌리에 무리를 줄 수 있고, 자칫 토양 오염을 초래할 수 있어서 추천하지는 않아요.

　제주도는 환경적 여건으로 파란 수국이 많이 핍니다. 화산석과 화산재가 많은 제주의 토양은 산성을 띠는 경우가 많기 때문이죠. 게다가 비에도 알루미늄 성분이 포함되어 있어서 자연적으로 파란 수국이 많이 핀다고 해요. 오히려 제주도에서는 분홍색 혹은 붉은빛의 수국을 더 선호한다고 합니다. 육지에서도 수국을 심은 땅만 산성으로 만들어주어도 비와 결합해 파란 수국을 잘 피웁니다. 산성 토양을 만들기 위해서는 정원에 블루베리 상토 혹은 피트모스가 다량 함유된 상토를 복토해주거나 흙에 섞어주면 됩니다.

　반면 분홍 수국은 오히려 쉽게 피울 수 있어요. 화분에 일반 원예용 상토로 수국을 심어 키우면 자연스럽게 분홍색 꽃이 핍니다. 노지에서는 석회비료를 수국 주변에 조금 뿌려주면 진한 분홍빛 수국을 볼 수 있어요.

반드시 성공하는
수국 삽목하는 법

1 깨끗이 소독한
가위나 칼을
준비합니다.

수국 삽목, 즉 번식에 실패하는 대부분의 이유가 삽수를 채취하고 다듬을 때 감염되는 경우입니다. 여름철에는 경화되지 않은 여린 가지도 감염에 의해 쉽게 부패하기 때문에 실패하기 쉬워요.

2 잎은 2~3장 남기고
남은 잎들도 반절
잘라줍니다.

보통 2마디 정도를 포함하여 번식하는 경우가 많습니다. 수국 농장이나 삽목 고수들은 마디를 하나 정도만 포함해도 성공률이 높지만 처음 시도하거나 아직 노하우가 쌓이지 않은 경우에는 2마디를 포함하는 것이 좋아요. 잎을 최소한으로 남기고 나머지 잎들도 반절 잘라주는 이유는 증산작용을 최소화하기 위해서입니다. 수국 가지를 자른 삽수의 경우 처음에는 뿌리가 없기 때문에 잘린 가지의 단면을 통해 물을 흡수하고 잎을 통해 공기 중의 습기를 흡수하는 것이 전부입니다. 수분이 많이 부족한 상황이죠. 하지만 광합성은 계속 이루어지기 때문에 잎을 통해 수분이 많이 방출됩니다. 이러한 수분 흡수와 증발의 균형을 맞춰주기 위해 잎을 잘라주는 거예요.

3 뿌리가 내리기까지
1~2주 정도 높은
습도를 유지합니다.

수국 농장은 삽목장의 습도를 거의 100%에 가깝게 맞춥니다. 흡수하는 물은 적고 방출되는 수분은 많기 때문에 공기 중의 습도를 높여 증산작용을 최소화하기 위한 것이죠. 하지만 가정에서는 높은 습도를 맞출 수가 없으니 삽목 후에 비닐을 덮어 공기 중의 습도를 높여

주는 것이 좋아요. 삽목 시기는 연중 가능하지만 이러한 이유로 장마철에 하는 것이 가장 성공률이 높아요.

4 삽목 후에는 춥지 않게 관리합니다.

삽목에 성공하더라도 겨울에 얼어 죽는 경우가 많아요. 아직 뿌리가 발달하지 못한 상태에서는 어미 수국에 비해 내한성이 떨어지기 때문이죠. 삽목 성공 후 첫해 겨울은 너무 춥지 않게 관리해줍니다.

5 삽목 시 무비상토를 사용합니다.

삽목에 실패하는 또 하나의 큰 원인은 바로 양분이 많은 흙을 사용한 것입니다. 양분이 많으면 삽목 후 흙 속의 다양한 유기물로 인해 감염되거나 물러버리기 쉬워요. 처음 뿌리를 내릴 때는 흙에 많은 양분이 필요하지 않으니 비료 성분이 포함되지 않은 무비상토를 사용하는 것이 가장 안전합니다.

6 최후의 방법, 물꽂이를 시도해봅니다.

위 방법과 조건을 모두 갖추어도 삽목에 실패하는 경우가 아주 가끔 있어요. 그럴 때는 수국 삽수를 물에 담그는 물꽂이를 통해 번식을 시도해볼 수 있습니다. 수국은 자른 가지를 물에 담가놓기만 해도 뿌리가 잘 나기 때문에 물속에서 뿌리가 3~4cm 정도 자라났을 때 흙으로 옮겨 심으면 됩니다. 성공률은 높은 편이지만 번거로우니 삽목에 계속 실패하는 분들만 도전해보세요.

독일카씨의
수국 연구일지

원예수국 *Hydrangea macrophylla*

가장 흔하게 볼 수 있는 수국이에요.
'macrophylla'는 잎이 크다는 뜻으로 깻잎
모양의 큰 잎을 가지고 있어요. 수많은 꽃들이
모여 큼직한 꽃볼을 만들어요. 꽃잎의 크기부터
색상, 꽃잎에 들어간 무늬까지 굉장히 다양한
품종이 있죠. 대부분 추위에 꽃눈이 얼면 꽃을
피우지 못합니다.

애나벨수국
Hydrangea arborescens 'Annabelle'

'미국 수국'의 대표적인 품종이에요.
'arborescens'는 나뭇가지 형태를
의미해요. 꽃잎 자체의 크기는 작지만
매우 큰 꽃볼을 가지고 있으며 줄기가
목수국에 비해 부드러워요. pH 농도와
관계없이 대체로 흰색 꽃이 펴요. 겨울철
추운 곳에서도 꽃눈이 얼어 죽지 않기
때문에 어디서든 꽃을 잘 피우죠. 다만
원예수국에 비해 삽목이 어려워 가격이
조금 높아요.

산수국
Hydrangea serrata

산수국은 원예화된 수국의 조상으로 생각할 수 있어요.
산수국을 개량해 지금의 다양하고 화려한 수국들이
탄생한 것이죠. 일반적인 수국은 겨울에 가지와
꽃눈이 얼면 이듬해 꽃을 보기 힘든데, 산수국은 추운
지역에서도 꽃을 잘 피웁니다. 참꽃과 헛꽃이 뚜렷하게
구분되며 최근에는 화려한 꽃을 피우도록 육종된
산수국도 많아져 큰 사랑을 받고 있어요.

목수국
Hydrangea paniculata

다른 수국 가지의 경우 5년
정도 지나면 성장이 둔화하고
새 가지가 나오지 않는 데
반해 이름처럼 나무(木)로
자라는 수국이에요. 원추의 어원인
'paniculata'에서 알 수 있듯이 고깔
모양의 꽃볼이 특징이에요. 내한성이 강하며
원예수국보다 많은 일조량이 필요합니다. 10년 이상
키우면 목대가 굵어져 굉장히 멋있어요.

등수국
Hydrangea petiolaris

돌담이나 바위, 나무에 붙어 자라는
덩굴성 수국이에요. 유럽 정원에
많이 식재되고 있습니다. 향기가
나서 인기 있지만 어린 개체는
성장이 매우 느려요.

// 독일카씨 식물 노트 //

매년 같은 크기의 화분으로
수국을 키우고 싶다면?

수국을 화분에 재배할 경우 가장 좋은 분
갈이 횟수는 연 1회입니다. 작은 수국 화분
은 매년 봄 새순이 올라오고 새 뿌리가 돋
아나기 시작할 때 기존 화분보다 지름이
5cm 정도 큰 화분으로 옮겨 심는 것이 좋
아요. 이때는 수국의 뿌리를 정리하지 않고
그대로 옮겨줍니다.
어느 정도 성장 후 더 큰 화분으로 분갈이
할 수 없는 경우 매년 같은 화분으로 분갈
이를 해서 비슷한 크기로 유지할 수 있어
요. 이때는 어느 정도 뿌리를 정리해주어야
합니다. 분갈이는 봄에 해주어도 되지만 여
름 폭염 이후가 더 좋아요. 꽃이 지고 폭염
이 지난 후 수국의 제2성장기가 찾아올 때
화분에서 뽑아내 뿌리를 반 정도 잘라줍니
다. 그리고 가지치기를 하고(가지 줄기의
절반 정도) 기존 화분에 새 상토로 심어주
세요. 이렇게 하면 가을까지 새 가지가 자
라며 꽃눈 분화를 하고 뿌리도 자리를 잡
을 거예요. 겨울을 보내면 이듬해 봄에 뿌
리가 더 많이 돋아나고 분화된 꽃눈도 자
라 예쁜 꽃을 피웁니다.

Chapter

3

내가 사랑하는 전국 꽃시장

식물집사 생활이 무르익으면 이 식물 저 식물 들이고 싶은 마음이 커집니다. 블로그,
인스타그램, 유튜브를 통해 처음 보는 아름다운 식물도 많이 접하게 되고 식물에 대한
정보는 점점 다양해지고 있죠. 온라인 구매나 개인 거래를 통해 식물을 구하기도 하지만,
직접 보고 맘에 드는 건강한 식물을 데려올 것을 추천해요. 제가 자주 방문하는 전국의
꽃시장들을 소개합니다.

규모가 어마어마한 대형 화훼단지

서울 ▶ 양재꽃시장

서울의 대표 꽃시장인 양재동 화훼공판장은 분화온실 2개 동, 생화 도매시장, 부자재 판매장, 야생화 판매장으로 이루어져 있습니다. 그중 가동과 나동으로 이루어진 분화온실은 작은 꽃집들이 한 공간에 모여 있어요. 분화온실 운영 시간은 오전 7시부터 오후 7시까지이고, 매주 일요일 가동과 나동이 번갈아가며 휴무를 합니다. 가동에서는 접하기 쉬운 관엽식물과 호접란 그리고 여러 초화류가 있고, 나동은 마니아가 많은 식물을 전문으로 취급하는 업체들이 입점해 있어서 한곳 한곳 들여다보는 재미가 있습니다. 또 부자재 판매장에서는 각종 화분과 살충제, 비료 등을 살 수 있어요. 봄에는 유실수를 비롯한 여러 묘목들을 구경하는 즐거움이 있습니다.

📍 서울특별시 서초구 강남대로 27 화훼공판장

용인 ▶ 남사화훼단지

용인 남사에 위치한 남사화훼단지는 정말 다양한 식물 아웃렛과 전문점이 모여 있습니다. 다육식물 전문점, 수생식물 전문점 등 오래된 곳이 많고, 요즘 인기 많은 대형 식물 아웃렛도 있습니다. 제가 유튜브 채널에서 소개한 '예쁘플라워아울렛', '에르베플라워아울렛', 그리고 2021년 새로 오픈한 '펠리체가든', '한플라워아울렛'을 일컬어 남사 4대장이라고 부르기도 하지요. 도매가와 소매가의 중간쯤 되는 가격으로 저렴하고, 농장에서 빠른 시일 내 아웃렛에 들어오기 때문에 식물의 상태도 굉장히 좋습니다.

📍 경기도 용인시 처인구 남사면 천덕산로 304 남사화훼집하장 일대

한국화훼농협 K-플라워

한국화훼농협에서 운영하는 대형 식물 마
켓입니다. 농장을 운영하는 1,000여 명의
조합원들이 생산하는 제품을 위주로 판매
하고 있어서 가격이 저렴하고 식물의 상
태도 굉장히 좋습니다. 현재 전국적인 규
모의 화훼단지로 더욱 발전하기 위해 'K-
플라워 시티'라는 종합화훼유통센터를 건
립하고 있다고 합니다.

📍 경기도 고양시 일산서구 대화로 362 한국화훼농
협 본점

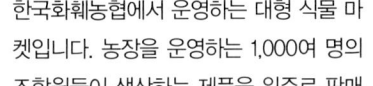

충북 **음성금왕화훼단지**

중부권 최대 규모의 화훼단지로, 최근 문
을 연 음성화훼유통센터 경매장과 붙어
있어 경매가 끝나고 바로 입고된 싱그러
운 식물들을 볼 수 있습니다. 각종 초화류
부터 묘목, 대형 토분을 비롯한 다양한 원
예자재도 구입할 수 있습니다.

📍 충북 음성군 금왕리 용계리 437

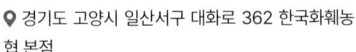

부산 > 미래화훼단지

기장에 위치하며 부산 내 화훼단지 중에서 가장 규모가 큽니다. 따뜻한 지역이다 보니 수도권에서는 노지 월동이 힘들지만 남부지방에서는 가능한 식물을 많이 볼 수 있어요. 특히 대품 식물을 보는 즐거움이 큽니다.

📍부산광역시 기장군 철마면 강변길 67-22 미래꽃화분

부산 > 금정화훼단지

부산시 두구동에 위치한 화훼단지로 60여 명의 조합원들로 구성된 식물 마켓입니다. 오랜 역사를 가지고 있으며 지역 농장에서 생산되는 식물들이 판매되고 있어 수도권과 조금 다른 종류의 식물을 볼 수 있습니다.

📍부산광역시 금정구 두구로 5

식물 마니아들이 자주 찾는 매장

고양 ▶ **더그린가든센터**

관엽식물을 키우는 사람들은 꼭 한
번 들러보면 좋은 매우 매력적인 곳
입니다. 대형 식물 아웃렛 규모는 아
니지만 베고니아, 고사리 등 마니아층
이 있는 식물들을 볼 수 있습니다. 온
라인 쇼핑몰도 운영하고 있어요. 희귀
한 베고니아는 판매 시작 몇 초 만에
매진되는 사태도 빈번합니다.

📍 경기도 고양시 일산동구 사리현동 34-9

파주 ▶ 조인폴리아

희귀식물의 성지로 불리는 파주 조인폴리아는 굉장히 넓은 하우스를 자랑합니다. 입구에서는 목각 인형과 대형 박쥐란들을 볼 수 있으며 하우스의 중간에는 작은 연못을 만들고 대형 식물들을 땅에 식재해 열대우림 같은 모습을 재현해두었습니다. 희귀 관엽식물들을 많이 볼 수 있어서 주말이면 사람들이 많이 몰리는 식물 마켓입니다. 온라인 판매도 하고 있지만 방문 고객들에게는 30% 할인 혜택이 있습니다. 주차 공간도 충분히 마련되어 있어 편리합니다.

📍경기도 파주시 월롱면 황소바위길 304

김포 ▶ 이원난농원

2대에 걸쳐 운영하고 있는 국내 최고의 난농원입니다. 원종의 카틀레야와 덴드로비움을 비롯해 우리나라에서 난 품종을 가장 많이 보유한 농장이기도 하지요. 몇 년 전부터 '오키드 로드'라는 전시관을 조성하여 남미, 동남아시아 등 여러 착생란의 자생지처럼 꾸며놓았는데 넋을 잃을 정도로 매력적입니다.

📍경기도 김포시 월곶면 문수산로 337

춘천 시냇물농원

춘천에 위치한 착생란 전문 매장입니다. 사장님께서 취미로 착생란을 키우시다 10여 년 전 문을 열었습니다. 취미로 시작하셔서 그런지 난초들 관리 상태가 매우 좋아요. 택배 발송도 하지만 직접 방문하면 사장님의 특급 강의도 들을 수 있습니다. 오랜 시간 정성으로 키운 대주의 착생란들을 보는 재미도 있지요.

📍 강원도 춘천시 신북읍 천전리 683-1

부산 해풍원

부산에 위치한 풍란 전문점입니다. 오랜 시간 마니아들에게 사랑받아온 풍란이기에 동호회도 굉장히 많지요. 특히 풍란은 동호회 간의 교류가 활발하고 풍란협회도 있습니다. 사장님께서 풍란의 '예(자태와 무늬 등)'를 굉장히 잘 포착하는 분이어서 풍란 동호인들 사이에서는 굉장히 인기 있는 전문점입니다.

📍 부산광역시 금정구 중앙대로 2432

나무가 필요할 땐 묘목시장

충북 **JB가든센터**(대림묘목농원)

국내 최대의 묘목 생산지인 충북 옥천의 대표 농원입니다. 현재 우리나라에서 가장 많은 식물 라이선스를 보유한 농원이기도 합니다. 원예 선진국인 네덜란드와 활발한 교류를 통해 신품종 묘목들을 많이 수입하여 보급하고 있습니다.

📍 충북 옥천군 이원면 이원로 842

용인 **처인원예종묘**

저와 오랜 인연이 있는 젊은 사장님이 운영하는 묘목 매장입니다. 굉장한 열정과 공부를 통해 나무에 대한 지식이 많고, 특히 나무를 심고 가꾸는 귀농을 생각 중인 분들에게 컨설팅도 해줍니다. 매년 봄가을 묘목 성수기에는 정말 깔끔하게 정돈된 매장에 놀라움을 금치 못합니다.

📍 경기도 용인시 처인구 남사읍 천덕산로409번길 11-1

푸르름 속에 안기는 시간,
국내 식물원 탐방

우리나라에는 한 번쯤 가볼 만한 멋진 식물원과 정원이 많습니다. 저는 시간 날 때, 아니 시간을
만들어서라도 아름다운 식물 공간들을 찾아다니죠. 식물원을 탐방하면 눈도 즐겁지만 식물에 대한
공부도 많이 할 수 있습니다. 식물원에서 어떻게 식물을 키우고 관리하는지 관찰해보면 집에서
식물을 돌볼 때 도움이 될 거예요.

식물원은 각 식물의 자생지 환경을 최대한 조성하기 때문에 본래의 모습을 볼 수 있어요. 식물원에
따라 다르지만 우리나라 자생식물뿐만 아니라 열대 식물, 지중해 식물 등 다양한 기후의 식물들을 볼
수 있어서 굉장히 유익합니다.

또한 같은 식물원이라도 계절마다 풍경도 다르고 식물의 성장에 따른 분위기도 달라서 계절이 바뀔
때마다, 혹은 1~2년에 한 번씩 방문해서 변화를 살펴보는 즐거움도 있어요. 특히 열대온실을 보유한
식물원에서는 정말 신기한 모습들을 많이 볼 수 있습니다. 실내식물로 많이 키워 식물집사들에게

익숙한 화초와 관엽식물들은 열대지방에서 들어온 것이 많아 정말 크고 멋지게 성장한 모습을 볼 수 있답니다. '우리 집 식물도 저렇게 키워봐야겠다'는 도전 의식을 불러일으키기도 하죠.
실제로 저는 식물원을 방문한 후 베란다의 환경을 조금 더 자생지와 유사하게 조성해주기 위해 여러 가지 아이디어들을 짜내서 시도하고 있습니다. 이것도 식물을 키우는 재미 중 하나입니다.
요즘은 직접 참여할 수 있는 다양한 이벤트를 진행하기도 합니다. 정원사와 함께 식물원 투어를 하며 식물에 대한 이야기를 듣거나 함께 식물을 심어보는 체험도 할 수 있어요. 자연과 함께하는 활동을 통해 잠시 일상을 떠나 힐링하는 시간을 갖는 데는 식물원 탐방만큼 좋은 것도 없답니다.
식물원을 방문할 때 한 가지 염두에 두어야 할 것이 있어요. 바로 방문 시기입니다. 식물원 내에 온실이 있다면 어느 계절이나 편안하게 관람할 수 있지만, 여름에도 높은 온도와 습도를 유지하고 있기 때문에 더위를 많이 타는 분들은 한여름 방문을 피하는 것이 좋습니다. 식물들을 주로 야외에 식재해둔 식물원은 겨울을 피하는 것이 좋아요. 정원식물이나 자생식물들은 한겨울에 동면하는 경우가 많아 풍경 자체가 삭막하고 식물의 온전한 모습을 보기 힘듭니다.
그럼 국내의 가볼 만한 식물원 몇 곳을 소개해보겠습니다.

서울식물원

SEOUL BOTANIC PARK

2019년 5월 개장한 서울식물원은 마곡에 위치해 있습니다. 세계 12개 도시의 식물을 소개하고 각 도시의 생태 감수성을 높이기 위해 식물원과 공원을 결합한 '보타닉 공원'입니다. 축구장 70개를 합쳐놓은 넓은 규모이며, 멸종위기 야생식물 복원과 열대온실, 지중해온실에서 다양한 식물들을 만나볼 수 있습니다.

또한 서울식물원은 씨앗은행을 운영하고 있습니다. 우리나라의 멸종위기 식물을 비롯해 여러 자생식물의 씨앗을 빌릴 수 있어요. 이 씨앗을 집에서 잘 키워 꽃을 피우고 또 씨앗을 맺으면 다시 서울식물원에 반납하는 방식입니다. 구하기 힘든 식물의 씨앗을 빌려 키우고 개체수를 늘려 반납할 때 굉장히 뿌듯함을 느낄 수 있습니다.

📍 서울특별시 강서구 마곡동로 161
🕐 3~10월 09:30~18:00
　(17:00 입장 마감),
　11~2월 09:30~17:00
　(16:00 입장 마감),
　매주 월요일 휴무
💰 대인 5,000원, 청소년 3,000원,
　소인 2,000원

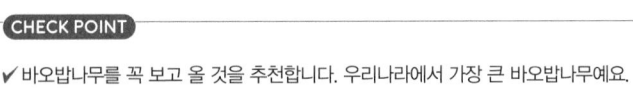

CHECK POINT

✔ 바오밥나무를 꼭 보고 올 것을 추천합니다. 우리나라에서 가장 큰 바오밥나무예요.
✔ 인도 보리수나무도 웅장한 모습으로 자라고 있습니다. 부처가 이 나무 아래서 깨달음을 얻었다 하여 성스럽게 여겨지는 나무랍니다.

창경궁 대온실

GRAND GREENHOUSE

창경궁 안에 위치한 대온실은 1909년에 건축된 주철골구조와 목조가 혼합된 우리나라 최초의 서양식 온실입니다. 일제가 순종을 위로한다는 명목으로 지었으나 조선 왕실과 궁궐의 권위를 떨어뜨리기 위한 목적이 다분했다는 안타까운 역사를 가지고 있어요. 2004년 2월 6일 대한민국의 국가등록문화재 제83호로 지정되었습니다. 코로나 팬데믹으로 인해 장기간 개방하지 않다가 최근 재개방했으며, 다양한 천연기념물과 야생화 자생식물들을 볼 수 있습니다.

📍 서울특별시 종로구 창경궁로 185
🕐 화~일요일 09:00~18:00,
　매주 월요일 휴무
💰 일반 1,000원(만 25~64세)
　※ 창경궁 대온실 단일 입장료가 아닌
　　창경궁 자체 입장료이며 대온실
　　자체의 규모가 크지 않아 창경궁과 함께
　　관람하기를 추천합니다.

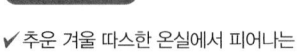

CHECK POINT

✔ 추운 겨울 따스한 온실에서 피어나는
　동백꽃 향연을 볼 수 있어요.

가평 아침고요수목원   THE GARDEN OF MORNING CALM

총 10만 평 부지에 다양한 식물들이 자라고 있습니다. 1993년 염소를 키우던 가평의 산자락을 가꾸기 시작해서 오늘날에 이르렀다고 합니다. 2007년 '오색별빛정원축제'로 인해 사람들에게 널리 알려지기 시작한 수목원입니다.

하경정원, 에덴정원, 아침광장, 하늘길, 분재정원, 한국정원 등 22개의 특색 있는 주제 정원으로 이루어져 있으며, 계절마다 대표 식물 축제도 열립니다. 6월에 방문하면 멋진 수국축제를 볼 수 있어요. 겨울이 추운 중부지방이기 때문에 남부지방이나 제주도처럼 땅에 심은 크고 화려한 수국은 아니지만, 굉장히 다양한 품종을 화분에 심어서 노지 수국 못지 않은 멋진 모습을 볼 수 있어요.

📍 경기도 가평군 상면 수목원로 434
🕐 08:30~19:00(18:00 입장 마감),
　　연중무휴
◎ 어른 11,000원, 청소년 8,500원,
　　어린이 7,500원

CHECK POINT

✔ 이곳에서 꼭 감상해야 할 식물은 30년 넘은 고목 목수국입니다. 매년 7월이면 목수국 한 그루에서 수백 송이의 꽃을 피우는 장관을 볼 수 있습니다.

세미원

SEMIWON

다양한 수생식물을 볼 수 있는 곳으로 유명합니다. 매년 7~8월에 연꽃 축제가 열리는데, 연꽃, 창포, 수련 등 수생식물의 화려한 꽃의 향연을 볼 수 있습니다. 아쉬운 점은 세미원의 대표 수종인 연꽃이 주로 여름에 피기 때문에 멋진 모습을 볼 수 있는 기간이 짧다는 것입니다.

홍련연못, 백련연못 등 테마별로 6개의 연못이 조성되어 있는데 그중 페리기념연못의 연꽃이 정말 아름답습니다. 세계적인 연꽃 연구가 페리 슬로컴이 육종한 품종을 기증받아 조성한 연못인데 백련과 홍련이 혼합되어 굉장히 화려합니다. 더운 여름날 넓은 연못을 돌아다니려면 조금 지치고 힘들 수 있지만 끝없이 펼쳐진 연꽃밭에서 멋진 사진 한 장 남기는 순간 힘들었던 일들이 머릿속에서 싹 사라진답니다.

📍 경기도 양평군 양서면 양수로93

🕐 9~6월 09:00~18:00, 7~8월 09:00~20:00, 9~6월 매주 월요일 휴무

💰 일반 5,000원(만 19~64세)

 **CHECK POINT**

✔ 가까운 두물머리와 함께 둘러볼 것을 추천합니다.
✔ 다양한 연꽃, 특히 페리기념연못에 식재된 연꽃을 꼭 감상하세요.

화담숲

HWADAM BOTANIC GARDEN

2013년 개장한 화담숲은 경기도 광주 곤지암에 자리 잡고 있어 '곤지암 수목원'이라고도 합니다. LG상록재단에서 우리 숲의 생태계를 복원하기 위해 조성한 곳입니다. 300여 종의 국내외 자생·도입 식물이 있으며 16개의 테마원을 꾸며두었습니다. 국내 최대 규모의 '이끼원'을 비롯하여 1,000여 그루의 자작나무가 식재되어 있는 '자작나무숲', 명품 분재 250점을 감상할 수 있는 '분재원'이 유명합니다.

♀ 경기도 광주시 도척면 도척윗로 278-1
⏰ 09:00~18:00(17:00 입장 마감), 연중무휴
◎ 성인 10,000원, 경로 및 청소년 8,000원, 어린이 6,000원(온라인 예매), 모노레일 요금 4,000~8,000원으로 구간별 상이

화담숲의 가장 큰 매력은 숲 전체를 돌아다니는 모노레일입니다. 총 3개의 승강장이 있으며 모노레일을 타고 숲을 구경할 수 있습니다. 하지만 가을 단풍이 한창일 때를 제외하면 굳이 모노레일을 타지 말고 걸어서 구경할 것을 추천합니다. 화담숲은 가을 단풍이 굉장히 아름답기로 유명합니다. 보유한 단풍나무 품종만 480종으로 국내에서 가장 많다고 합니다.

CHECK POINT

✔ 하얀 수피로 뒤덮인 자작나무숲과 명품 분재들의 멋진 모습을 볼 수 있는 '분재원'을 꼭 보고 오세요.

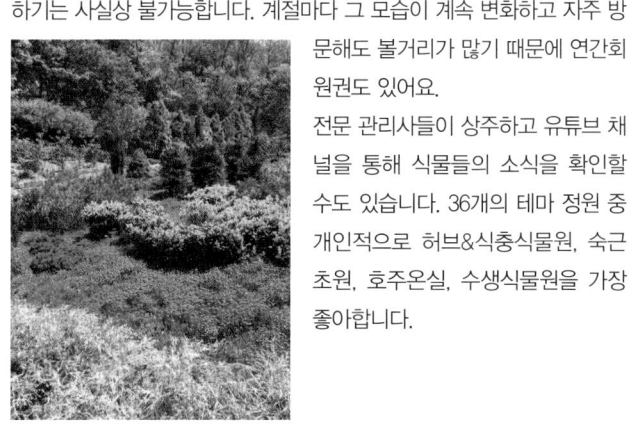

한택식물원   HANTAEK BOTANICAL GARDEN

1979년 경기도 용인에 약 20만 평 규모로 조성되어 멸종위기 식물, 자생식물 및 외래식물들을 포함해 총 1만여 종을 식재 관리하고 있는 국내 최대 식물원입니다. 넓은 부지만큼 굉장히 다양한 주제와 테마로 정원과 온실을 꾸며두었습니다. 무려 36개에 달하는 정원을 하루 만에 모두 관람하기는 사실상 불가능합니다. 계절마다 그 모습이 계속 변화하고 자주 방문해도 볼거리가 많기 때문에 연간회원권도 있어요.

📍경기도 용인시 처인구 백암면 한택로 2
🕐09:00~17:30(일몰 시까지 관람 가능)
💳성인 9,000원, 어린이 및 청소년 6,000원(36개월 미만 무료)

전문 관리사들이 상주하고 유튜브 채널을 통해 식물들의 소식을 확인할 수도 있습니다. 36개의 테마 정원 중 개인적으로 허브&식충식물원, 숙근초원, 호주온실, 수생식물원을 가장 좋아합니다.

CHECK POINT

✔ 호주온실에서 자라는 물병 모양 바오밥나무와 수생식물원에 식재된 세계에서 가장 큰 수련인 빅토리아 수련을 꼭 감상해보세요.

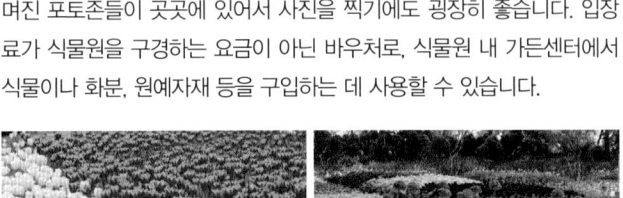

아산 세계꽃식물원

LIAF GARDEN CENTER

1994년 화훼재배단지로 시작해서 2004년 재배 온실의 일부를 대중에게 공개하며 식물원의 성격을 띠게 되었습니다. 온실 식물원이다 보니 자생 식물보다 원예화된 식물들을 주로 감상할 수 있어요. 전 세계 사람들에게 사랑받는 3,000여 종의 원예종 식물들이 최고의 환경에서 멋지게 자라고 있습니다.

연중 20여 가지 테마의 꽃축제가 열리는데, 튤립축제, 베고니아축제, 다알리아축제, 국화축제가 큰 사랑을 받고 있습니다. 화려하고 아름답게 꾸며진 포토존들이 곳곳에 있어서 사진을 찍기에도 굉장히 좋습니다. 입장료가 식물원을 구경하는 요금이 아닌 바우처로, 식물원 내 가든센터에서 식물이나 화분, 원예자재 등을 구입하는 데 사용할 수 있습니다.

♥ 충남 아산시 도고면 아산만로 37-37
🕐 09:00~18:00, 연중무휴
◎ 8,000원(가든센터에서 할인 쿠폰으로 사용 가능)

CHECK POINT

✔ 수령 30년이 넘은 고목 킹벤자민고무나무를 꼭 보고 오세요.

국립 세종수목원   SEJONG NATIONAL ARBORETUM

2020년 개장한 국내 최대 규모의 수목원입니다. 축구장 90개에 달하는 면적에 야외정원과 최첨단 온실로 이루어져 있어요. 특히 이곳의 가장 큰 매력은 거대한 유리온실입니다. 세계적인 건축 전문가들이 도면 설계부터 시공까지 참여해 기능적인 면은 물론 외적으로도 굉장히 멋진 온실입니다. 특별전시온실, 열대온실, 지중해온실, 사계절온실로 나뉘어 있으며 세계 곳곳의 식물들을 구경할 수 있습니다. 대형 온실의 특성상 식물자체도 굉장히 크고 자생지와 거의 흡사한 환경에서 자라는 식물의 고유모습을 볼 수 있어요. 야외에 조성된 한국전통정원은 조선시대 궁궐 안의 정원처럼 고전미가 잘 표현되어 한국의 자생식물들과 잘 어우러진 모습입니다.

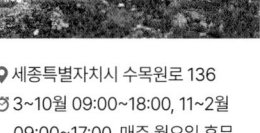

📍 세종특별자치시 수목원로 136
🕐 3~10월 09:00~18:00, 11~2월
　 09:00~17:00, 매주 월요일 휴무
🎫 성인 5,000원, 청소년 4,000원,
　 어린이 3,000원

**CHECK POINT**

✔ 자생지의 환경과 흡사하게 조성된 열대온실을 꼭 방문해보세요.
✔ 지중해온실 안에서 거대한 무늬부겐베리아를 찾아보세요.

경주 동궁원   GYEONGJU EAST PALACE GARDEN

우리나라 최초의 동식물원이었던 동궁과 안압지(월지)를 현대적으로 재현한 경주 동궁원은 크게 동궁식물원과 경주버드파크로 나뉩니다. 식물원은 본관과 제2관이 있는데, 본관 온실은 한옥(기와집) 양식으로 지어 굉장히 한국적인 분위기를 풍깁니다. 400여 종 5,500본의 식물이 자라고 있으며 폭포와 동굴 등이 있어 숲속에 들어온 느낌이에요. 특히 본관 이곳저곳에 아름답게 꾸며진 포토존에서 기념 사진을 남기기에 좋아요. 제2관은 넝쿨꽃정원, 꽃축제정원, 치유식물정원, 향기힐링정원, 야자수힐링정원 5가지 테마로 꾸며져 있습니다.

식물원이 식물을 사랑하는 어른들을 위한 장소라면 버드파크는 아이들이 굉장히 좋아할 만한 곳이에요. 많은 사랑을 받는 앵무새 썬코뉴어, 채널투칸, 뉴기니아 앵무, 홍금강앵무를 직접 만날 수 있고, 번식기에는 부화실에서 부화하는 새끼 앵무새도 볼 수 있답니다. 그 외에 열대수족관, 파충류관에서 다양한 생물을 만나볼 수 있어요.

♀ 경북 경주시 보문로 74-14
⏰ 09:30~19:00, 버드파크
    10:00~19:00(18:00 입장 마감)
◎ 식물원 어른 5,000원, 청소년
    4,000원, 어린이 3,000원 버드파크
    대인(중학생 이상) 20,000원,
    소인(24개월 이상~초등학생)
    15,000원

CHECK POINT

✔ 본관 온실에 있는 수령 250년의 원종 고무나무를 놓치지 마세요.

거제식물원

GEOJE BOTANIC GARDEN

거제정글돔이라는 거대 유리온실로 유명한 곳입니다. 각종 매체에도 자주 등장할 만큼 크기가 실로 어마어마하죠. 우리나라에서 가장 큰 유리온실 중 하나인 이곳은 면적 4,468㎡에 가장 높은 부분의 층고가 30m이며, 7,472장의 유리로 덮여 있습니다. 온실 안에는 300여 종의 식물 1만여 주가 자연과 가장 비슷한 환경에서 자라고 있어요. 열대식물이 주를 이루며 잘 꾸며진 포토존과 거대한 폭포도 만날 수 있습니다. 특히 돔 전경이 한

눈에 내려다보이는 전망대에 올라가면 너른 열대우림을 하늘에서 내려다보는 기분을 느낄 수 있습니다. 열대식물뿐 아니라 다육식물 전시관, 허브 온실 등 여러 가지 테마 공간도 많습니다. 이곳 역시 여름에는 굉장히 더울 수 있으니 얇은 옷을 입고 가는 것이 좋습니다.

📍 경남 거제시 거제면 거제남서로 3595
🕐 09:30~18:00, 매주 월요일, 설날·추석 당일 휴무
🎫 성인 5,000원, 청소년 4,000원, 어린이 3,000원

CHECK POINT

✔ 인기 사진 스폿인 '새둥지 포토존'에서 추억을 남겨보세요.
✔ 정글돔 내 식재된 오래된 무늬벤자민고무나무를 꼭 보고 오세요.

외도 보타니아

OEDO BOTANIA

한려해상국립공원에 속한 개인 소유의 바위섬 외도에 이창호, 최호숙 부부가 식물을 심고 가꾸어 만든 멋진 공간입니다. 1995년 외도해상농원으로 문을 열었고 2005년 외도 보타니아로 이름을 바꿨죠. 특히 드라마 〈겨울연가〉를 이곳에서 촬영한 뒤 더욱 유명해졌습니다.

남해안 천혜 비경의 결정체로 잘 가꾸어진 산책로를 따라 3,000여 종의 꽃과 나무를 볼 수 있습니다. 유럽에 온 것 같은 착각이 들 정도로 멋지게 꾸며진 정원은 사계절 내내 어디든 카메라만 갖다 대면 작품이 나올 정도로 아름다워요. 이는 육지와 다르게 온화한 겨울 날씨 덕분인데요. 육지에서는 노지 월동을 하기 힘든 예쁜 꽃나무들이 이곳에서는 건강하고 아름답게 자라기 때문에 더욱 이국적인 멋을 느낄 수 있답니다.

📍 경남 거제시 일운면 외도길 17
🕐 하절기 08:00~19:00,
   동절기 08:30~17:00
💰 성인 11,000원, 청소년 8,000원,
   어린이 5,000원

CHECK POINT

✔ 2020년 5월에 문을 연 비너스 가든은 영국 버킹엄 궁전의 정원을 모티브로 만들어졌다고 합니다. 가까이서 찍어도, 멀리서 찍어도 아름다운 정원입니다.

여미지식물원

BOTANIC GARDEN YEOMIJI

1989년 개원 당시 거대한 온실로 큰 반향을 일으켰던 식물원입니다. 실내 면적 12만 543㎡의 온실에 1,300여 종의 식물이 자라고 있습니다. 온실 외에 제주도 풍경을 표현한 수직정원과 암석원, 수생식물 전시관 등에 1,000여 종의 식물들이 있습니다. 온실 내부는 꽃의정원, 물의정원, 선인장정원, 열대정원, 열대과수원으로 구성되어 있으며 중앙의 전망대에 오르면 모든 정원을 한눈에 볼 수 있답니다. 사계절 식물이 잘 자라는 환경이 조성되어 있어 연중 어느 때 방문해도 좋습니다. 기후가 온화한 제주의 특성상 외부 정원 관리도 굉장히 잘되어 있습니다. 면적이 넓어 식물원 전체를 둘러보는 데 2시간 정도 소요되니 여유 있게 돌아보세요.

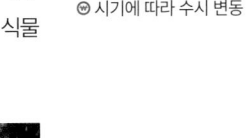

📍 제주도 서귀포시 중문관광로 93
🕘 09:00~18:00
⊛ 시기에 따라 수시 변동

CHECK POINT

✔ 온실에서 100년 넘게 자란 거대한 금호선인장을 꼭 보고 오세요.

제주 카멜리아힐

CAMELLIA HILL

카멜리아(Camellia)는 동백의 학명입니다. 카멜리아힐을 우리말로 하면 '동백 동산' 정도가 되겠지요. 이름처럼 제주에 조성된 동양 최대의 동백수목원입니다. 전 세계 80개국의 동백나무 500여 품종 6,000여 그루가 있는 그야말로 동백을 위한 수목원입니다.

1월에는 화려한 동백축제를 즐길 수 있고, 5~7월에는 수국축제로도 유명합니다. 긴 산책로를 따라 아름답게 핀 수국을 배경으로 멋진 사진을 찍

을 수 있어요. 특히 수국온실이 멋지게 꾸며져 4월 말부터 수국을 미리 만나볼 수 있습니다.

부지 6만 평 정도로 굉장히 넓기 때문에 아이들은 조금 힘들어할 수 있지만 산책 코스로도 인기 만점이에요. 가을에는 핑크뮬리가 수놓인 멋진 공간도 있답니다.

📍 제주도 서귀포시 안덕면 병악로 166
🕐 08:30~18:30(17:30 입장 마감)
💲 성인 9,000원, 청소년 7,000원, 어린이 6,000원

CHECK POINT

✔ 동백꽃이 주를 이루는 공간인 만큼 겨울에 열리는 동백축제를 강력 추천합니다.

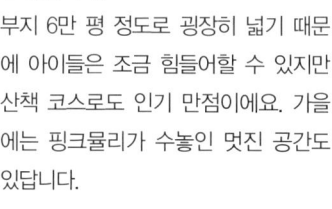

휴애리자연생활공원

HUEREE

수국온실이 가장 잘 관리되어 있는 곳입니다. 물론 여름의 수국뿐 아니라 봄에는 흐드러지게 핀 매화, 가을에는 핑크뮬리, 겨울에는 예쁜 동백꽃을 볼 수 있어요. 4월부터 온실 속 수국을, 6~7월에는 야외에 심어진 수국의 향연을 볼 수 있습니다. 포토존도 잘되어 있어서 사진을 찍기에도 최고의 공간이에요. 또한 수국의 품종도 굉장히 많아서 일반적인 수국부터 별 모양 수국, 장미수국, 팝콘 수국 등 다양하고 화려한 수국을 감상할 수 있답니다.

수국도 유명하지만 아이들을 위한 전시 공간도 많이 있습니다. 곤충박물관에서 국내외 곤충 채집 표본을 비롯해 살아 있는 곤충들을 볼 수 있고, 매일 일정 시간에 흙돼지에게 먹이 주는 광경을 구경하는 재미도 있어요.

📍 제주도 서귀포시 남원읍 신례동로 256
🕐 09:00~19:00(4~9월 17:30, 10~3월 16:30 입장 마감)
💰 성인 13,000원, 청소년 11,000원, 어린이 10,000원

CHECK POINT

✔ 야외에 심어진 수국의 규모가 굉장히 크므로 수국이 한창인 7월에 열리는 수국축제를 강력 추천합니다.

365일 꽃내음 가득! 전국 꽃 축제

봄이 오면 꽃구경 생각에 설레는 분들 많으시죠? 매년 봄이면 전국의 벚꽃 개화 시기를
알려주는 곳도 많습니다. 하지만 2020년 봄부터 코로나19의 영향으로 전국의 벚꽃
명소들이 폐쇄되고 축제가 취소되어 꽃을 마음껏 즐기지 못했죠.
올해는 벚꽃뿐 아니라 사계절 다양한 꽃축제가 다시 열릴 것을 기대해봐도 좋을
것 같습니다. 계절별로 아름답게 피어나는 대표적인 꽃들을 알아보고 가보고 싶은
꽃축제를 미리 계획해보는 것은 어떨까요?

계절별 대표 꽃을 추천합니다!

spring
봄

벚꽃, 산수유, 유채꽃,
철쭉, 진달래

summer
여름

수국, 해바라기,
무궁화, 연꽃

autumn
가을

코스모스, 국화,
핑크뮬리, 단풍

winter
겨울

동백

광양매화축제 / 3월 초

3월이 되면 지리산 자락에 위치한 광양 섬진마을에서 팝콘을 흩뿌려놓은 듯 멋진 매화를 볼 수 있습니다. 이 마을에 위치한 청매실농원은 1930년 율산 김오천 선생이 70여 년생 매화 고목을 심기 시작한 후 우리나라에서 가장 먼저 매화나무 집단 재배를 시작했다고 합니다. 마을 전체가 매화나무로 뒤덮여 굉장히 아름다운 모습을 볼 수 있습니다. 또 매실을 이용한 여러 가지 먹거리들도 맛보고 다양한 체험까지 할 수 있어요.

📍 전남 광양시 다압면 지막1길 55 청매실농원 일대

양산 통도사 홍매화 / 2월 말

양산 통도사에는 매화나무가 총 세 그루 있습니다. 축제는 아니지만 매년 많은 사람들이 매화를 보려고 통도사를 찾아옵니다. 통도사에 들어서면 입구 근처에서 만첩홍매화와 분홍매 두 그루를 먼저 만나볼 수 있습니다. 이 매화나무들도 굉장히 아름답지만 주인공은 바로 370년 수령의 자장매입니다. 자장매는 입구에서 조금 더 안쪽으로 들어가면 영각 처마 밑에 자리 잡고 있습니다. 사찰을 배경으로 매화가 더욱 고혹적으로 느껴집니다.

📍 경남 양산시 하북면 통도사로 108

산수유

구례 산수유 축제 / 3월

구례 산수유마을은 3월이 되면 동네 전체가 노란
빛으로 물듭니다. 국내 최대 규모의 산수유나무들
을 볼 수 있는 곳으로 1천여 년 전 중국 산둥성 처
녀가 묘목을 가지고 와서 심었다는 전설이 있습니
다. 실제 이 마을에 천 년 수령의 산수유나무가 있
다고 합니다. 지역에 따라 다르지만 일반적으로
산수유꽃은 벚꽃보다 일주일 정도 먼저 피기 시작
해서 가장 먼저 봄을 알리는 꽃입니다.

📍전남 구례군 산동면 위안리 산수유마을

의성 산수유마을 축제 / 3월

의성군은 예부터 산수유나무가 많이 자라는 곳으
로 유명합니다. 조선시대부터 자생한 200~300
년 된 산수유나무 3만여 그루가 군락을 이루고 있
습니다. 특히 화전2리에서 3리에 이르는 십리길은
노란 산수유가 빼곡하게 이어져 아름다운 풍경을
자아냅니다.

📍경북 의성군 사곡면 화전리

진달래

여수 영취산 진달래 축제 / 3월 중순~4월 초

영취산은 우리나라 3대 진달래 군락지로 가장 넓은 면적을 자랑합니다. 진달래꽃은 보통 벚꽃과 비슷한 3월 중순부터 4월 초까지 피어납니다. 영취산은 산 아래부터 산 정상까지 뒤덮인 진달래가 순차적으로 개화하여 오랜 기간 꽃을 감상할 수 있습니다.

📍 전남 여수시 월내동 547-2

강화 고려산 진달래 축제 / 4월

강화도 고려산에도 진달래가 많이 자랍니다. 특히 해발 400m 넘는 고려산 정상 부근은 진달래 군락을 볼 수 있는 구간입니다. 강화도 높은 산에서 피어나는 진달래꽃은 다른 지역보다 훨씬 늦은 4월에 볼 수 있습니다.

📍 강화군 고인돌광장 및 고려산 일원

여름 **해바라기**

함안 강주 해바라기 축제 / 8월 말~9월 초

함안 강주마을 주민들이 힘을 합쳐 주변 2만㎡ 부지에 해바라기를 식재하여 매년 멋진 모습을 선사합니다. 해바라기는 한여름 뜨거운 햇볕을 받으며 큰 꽃을 피워내는 만큼 여름 꽃축제로 손색없죠. 잘 키운 해바라기는 2m 넘게 자라기 때문에 해바라기에 둘러싸인 멋진 사진을 남길 수 있어요.

♀ 경남 함안군 법수면 강주4길 37(강주마을)

태백 해바라기 축제 / 7월 말~8월 초

강원도 태백시 구와우마을은 해발 800m 고지의 완만한 경사면에 100만여 본의 해바라기를 식재하여 국내 최대 해바라기밭을 볼 수 있습니다. 원래 고랭지 배추밭이었던 곳에 2005년부터 해바라기를 심기 시작했으며 현재 축구장 약 10개 크기인 6만 6천㎡에 이릅니다. 3.5km에 달하는 해바라기꽃길을 거닐 수 있습니다.

♀ 강원도 태백시 구와우길 38-20(구와우마을)

연꽃

시흥 연성 연꽃 축제 / 7월 말

시흥 연성 '관곡지' 연못에 자라는 백련은 큰 의미가 있습니다. 조선 세조 9년(1463) 강희맹 선생이 명나라에서 백색 연꽃씨를 가져와 가로 23m, 세로 18.5m 작은 연못에 심은 이후로 우리나라 전역에 퍼졌다고 합니다. 우리나라 백련의 출발지라고 할 수 있습니다. 2005년부터 시흥 연꽃테마파크로 조성해 현재 연꽃 20여 종과 수련 80종을 비롯해 다양한 수생식물을 볼 수 있습니다. 축제 기간이 아니어도 연꽃테마파크는 연중무휴이며 7~8월에 멋진 연꽃을 감상할 수 있습니다.

📍 경기 시흥시 관곡지로 139 시흥시 연꽃테마파크

무안 연꽃 축제 / 7월 말

무안의 회산 백련지는 동양 최대 규모를 자랑합니다. 10만 평을 가득 채운 연꽃을 볼 수 있으며 데크가 설치되어 멋진 사진을 남길 수 있습니다. 또한 세계에서 가장 큰 빅토리아 수련도 볼 수 있습니다. 우리나라에 몇 군데 없어서 더욱 특별한 곳입니다. 연꽃 모양을 본떠 만든 멋진 카페 건물도 볼거리입니다.

📍 전남 무안군 회산 백련지

가을 코스모스

창릉천 코스모스 축제 / 10월 말

고양시에서 가장 오래된 다리인 강매석교 인근에서 매년 코스모스 축제가 열립니다. 코스모스는 바람이 불면 하늘하늘 흔들리는 모습이 매력적인 가을꽃이죠. 봄과 다른 가을빛 분위기를 담기 위해 사진작가들이 많이 찾는 곳으로도 유명합니다. 공원 곳곳에 멋진 포토존이 있어 드넓은 코스모스밭을 배경으로 멋진 사진을 남길 수 있습니다.

📍 경기 고양시 덕양구 강매동 317-23 강매석교공원(코스모스공원)

하동 코스모스 축제 / 9월 중순~10월 초

국내 최대 규모의 코스모스 축제로 정식 명칭은 '북천 코스모스 메밀꽃 축제'입니다. 코스모스뿐 아니라 메밀꽃도 함께 구경할 수 있으며 곳곳에 핑크뮬리도 식재되어 가을 정취를 물씬 느낄 수 있습니다. 코스모스는 서리를 맞으면 금방 시들기 때문에 축제 기간이어도 서리가 내린다는 예보가 있으면 그 전에 방문해야 멋진 코스모스 꽃밭을 볼 수 있습니다. 워낙 넓은 공간이고 입구가 여러 곳 있으니 티켓을 잃어버리지 않도록 주의하세요.

📍 경남 하동군 북천면 직전리 601-3

국화

서산 국화 축제 / 11월 초

다양한 품종의 향기로운 국화를 볼 수 있는 대형 국화 축제입니다. 국화 터널을 조성하고 여러 가지 조형물을 만들어 국화의 아름다움을 여러 관점에서 관찰할 수 있습니다. 화려하고 멋진 국화꽃을 보는 재미도 있지만 지역 농민들이 직접 재배해서 판매하는 농산물 직거래 장터는 도시와 농촌이 공존하는 모습을 느낄 수 있습니다.

📍충남 서산시 고북면 복남골길 31-1 일원

마산 국화 축제 / 10월 말~11월 초

1961년 회원동 일대에서 여섯 농가가 우리나라 최초로 국화 상업 재배를 시작한 이후 1972년 처음 일본으로 국화를 수출했고, 2000년부터 마산 국화 축제를 개최하고 있습니다. 총 3만 평 부지에 다양한 품종으로 14개 테마의 국화정원을 조성했으며, 코스모스와 해바라기도 식재하여 늦여름부터 가을까지 꽃구경을 만끽할 수 있습니다. 국화 생산의 메카이다 보니 정말 다양하고 신기한 품종의 국화들을 볼 수 있습니다.

📍마산해양신도시, 돝섬 일원

겨울 동백

휴애리 동백 축제 / 11~1월

겨울에도 꽃축제는 열리기 마련입니다. 그중 가장 유명한 것이 동백꽃이죠. 대표적인 겨울꽃 동백은 중부지방을 비롯한 내륙에서는 노지 월동이 불가능하지만(일부 남부지방 가능) 제주도는 옥외 노지에서 아름다운 꽃을 피워냅니다. 대표적인 동백 축제가 제주 휴애리자연생활공원에서 개최됩니다. 꽃을 보기 힘든 겨울에 열리는 만큼 많은 사람들이 사랑하는 꽃축제입니다. 다양한 품종의 동백꽃을 구경하고 동백꽃 터널에서 멋진 사진을 남길 수 있습니다.

📍 제주 서귀포시 남원읍 신례동로 256 휴애리자연생활공원

신안 애기동백 축제 / 12~1월

신안 천사섬에는 매년 12월 애기동백을 주축으로 겨울꽃 축제가 열립니다. 애기동백은 잎과 가지, 그리고 꽃이 일반 동백보다 작습니다. 동백꽃은 주로 겨울철에 피지만 애기동백은 늦가을부터 초겨울에 핀다고 해서 '늦동백'이라고 불립니다. 애기동백은 추위에는 약하지만 해풍과 염기에 강해 신안 천사섬에서 군락을 이뤄 2만 그루가 자라고 있습니다. 또 천사섬 내 분재정원에서는 진귀하고 멋진 분재 작품 70여 점도 구경할 수 있습니다.

📍 전남 신안군 압해읍 수락길 330(압해도 천사섬분재공원)

식테크의 명과 암

최근 '식테크'라는 신조어가 생겨나며 선풍적인 인기를 끌고 있습니다. 식테크란 '식물 재테크'의 줄임말로 식물로 재테크를 하는 것을 뜻합니다. 희귀식물을 키워 중고 거래 플랫폼이나 개인 SNS를 통해 분양해서 수익을 창출하는 것이죠. 하지만 모든 재테크가 그러하듯 무턱대고 뛰어들기에는 쉽지 않은 밝은 면과 어두운 면이 있습니다. 식테크의 양면에 대해 이야기해볼게요.

식테크의 매력

저 또한 최근 식테크를 주제로 한 방송이나 강연에 여러 차례 참여한 적이 있습니다. 식물을 키워 돈을 번다는 것, 취미생활을 하면서 수익을 낼 수 있다는 점이 시대 상황과 맞물려 크게 주목받은 것 같아요.

저는 식테크 열풍이 불기 전부터 희귀식물이라 불리는 무늬가 들어간 몬스테라나 열대식물로 유명한 필로덴드론속 식물들을 키우기 시작했어요. 그때만 해도 키우는 사람이 많지 않아서 분양받기가 조금 어려웠을 뿐 가격은 그리 높지 않았죠. 그런데 어느 순간 희귀식물의 인기가 높아지면서 식물 가격이 무섭게 올라가기 시작했어요. 하지만 저는 블로그와 유튜브 채널을 통해 식물이 자라는 모습을 많은 분들과 공유하는 것이 좋아서 번식시키지 않고 되도록 크게 키우는 것에 집중했습니다. 그러다 보니 식물을 번식시키고 분양해서 수익을 올린 경우가 그리 많지 않아요.

2022년 봄에는 너무 커져 집에서는 도저히 키우기 힘들어진 식물들을 여러 식물 마켓에서 분양하고 실제로 꽤 높은 수익을 얻었습니다. 하지만 그때 벌어들인 수익은 고스란

히 새로운 식물들을 분양받는 데 썼습니다. 이런 면에서는 식테크가 긍정적이라는 생각이 듭니다. 내가 정성으로 키운 식물을 번식시켜서 얻은 수익으로 새로운 식물을 데려오는 것이죠. 취미생활을 이어가면서도 금전적인 부담은 덜 수 있으니 굉장히 좋은 선순환이라고 할 수 있겠지요.

식테크의 위험성

하지만 식테크가 좋은 점만 있는 것은 아닙니다. 세상 모든 일이 그렇겠지만 불확실성으로 인한 위험성이 한 가지 있습니다. 바로 식물의 가격이 안정적이지 않다는 점이에요.

최근까지 큰 인기를 끌었던 몬스테라 알보를 분양받았던 2019년에는 잎 1장당 가격이 6만 원 정도였어요. 저는 잎이 3장 달린 몬스테라 알보를 18만 원에 분양받았는데, 집으로 돌아오는 내내 '내가 미쳤나' 하는 생각이 들었습니다. 물론 너무 예뻐서 만족했지만요. 그렇게 식테크라는 말이 존재하지도 않던 시절, 단지 제 눈에 예쁘고 오래 키우면 너무 좋겠다는 생각만으로 몬스테라 알보를 키우기 시작했습니다.

그런데 한 해 두 해 지나면서 몬스테라 알보의 인기가 갑자기 높아졌어요. 키우고 싶어 하는 사람들은 많아지고 개체수는 한정되어 있으니 당연히 수요와 공급의 원리에 따라 가격이 천정부지로 뛰기 시작했습니다. 코로나 팬더믹으로 모든 수출입이 원활하지 않아서 식물 가격이 전체적으로 오르기도 했고요. 집 안에서 지내는 시간이 많아지면서 사람들이 실내에서 즐길 수 있는 취미를 찾기 시작했고, 실내 가드닝이 각광받은 것입니다. 가격은 점점 더 올라 2022년 봄에는 잎 1장당 80만 원이 넘는 것도 많았습니다. 실제로 이때는 비싼 가격에도 상태만 양호하다면 무리 없이 분양되기도 했어요.

하지만 2022년 하반기부터 갑자기 몬스테라 알보의 가격이 하락하기 시작했습니다. 이유를 추측해보자면, 몬스테라 알보를 키우고 싶어 하던 사람들이 이미 다 분양 받았기 때문인 듯합니다. 거래가 많아지니 번식도 많아지고 개체수도 점점 늘어난 것입니다. 번식이 크게 어렵지 않아 집에서 몬스테라 알보를 번식시켜서 분양하는 사람도 늘어났겠죠. 결국 많은 사람들이 몬스테라 알보를 키우게 되면서 예전보다 수요가 적어진 것입니다.

식테크에서 식물의 가격은 주식과 같습니다. 사려는 사람(수요)이 많으면 가격이 올라가고 식물 개체(공급)가 많아지면 가격이 떨어집니다. 물론 모든 상황이 일률적이지는 않겠지만요.

주식 가격이 떨어질 때 대부분의 사람들은 공포 심리가 작용해 매수를 꺼립니다. 더 떨어질 수도 있다는 불안감 때문이죠. 하지만 주식 가격이 떨어질 때 오히려 매수하는 사람들도 있지요. 언젠가 다시 오를 거라는 기대 심리입니다. 몬스테라 알보도 마찬가지일 것입니다. 지금은 가격이 떨어지고 있지만 머지않아 다시 가격이 오를 거라고 생각하는 사람들은 살 것이고, 지금보다 더 가격이 내려갈 거라고 생각한다면 사지 않거나 가격이 더 내려갈 때까지 기다리겠지요.

정답은 없습니다. 앞으로 몬스테라 알보의 가격이 더 떨어지겠냐고 물어보는 분들이 하루에 4~5명 정도 있습니다. 누구도 시장의 앞날을 알 수 없습니다. 당연히 저도 모릅니다.

식테크, 해야 할까 말아야 할까?

저는 식테크 자체를 부정적으로 보지는 않아요. 앞서 이야기했듯이 잘 자란 식물을 번식시켜서 분양하는 경험도 해보고 덤으로 수익까지 얻을 수 있다면 더할 나위 없습니다. 수익만을 위한 것이 아니라 친구나 지인에게 선물하거나 같은 취미를 공유하는 사람들과 교환하는 것도 굉장히 재미있습니다. 다양한 방법으로 취미를 이어갈 수 있다는 점에서 좋다고 생각합니다.

하지만 단지 돈 버는 목적으로 식물을 키우는 것은 위험할 수 있어요. 식물도 빠른 속도로 트렌드가 바뀌고 있으니 SNS를 통해 전 세계 식물 트렌드를 발 빠르게 감지해서 향후 사람들이 열광할 만한 식물을 미리 사들여서 잘 키운다면 식테크에 성공할 수 있겠죠. 하지만 모든 일이 그렇듯이 우리의 예측대로 순조롭게 흘러가는 경우는 흔하지 않습니다.

꼭 식테크를 하고 싶다면 다수가 좋아하는 식물보다 소수이지만 마니아층이 두터운 식물을 키우는 것도 생각해볼 만합니다. 수요가 폭발적이지는 않지만 조금씩 꾸준히 수요가 있는 식물을 키운다면 소소한 수익을 올릴 수 있겠지요. '식물로 돈을 벌어야 해!'라는 생각을 내려놓고 식물을 돌보는 것 자체에 집중하면 더 즐겁게 식테크를 할 수 있습니다.

식테크를 잘하기 위해서는 식물을 잘 키우고 잘 번식시켜서 잘 팔아야겠죠? 하지만 '잘'한다는 게 가장 어렵습니다. 다양한 식물 번식에 대해 공부하고 경험해봐야 한다는 것을 잊지 마세요.

초보 식물집사를 위한 FAQ

블로그와 유튜브를 운영하면서 초보 식물집사들의 질문을 무수히 받았습니다. 제가
잘 아는 내용은 바로 답해드리고, 잘 모르는 내용은 공부하면서 최대한 도움될 만한
정보를 전해드리기 위해 노력하고 있어요. 여기서는 초보 식물집사에게 도움될 만한
주요 질문들과 그에 대한 답변들을 모아보았습니다. 물론 모든 경우에 부합하는 정답은
아니니 기초 솔루션을 토대로 나의 식물을 더 잘 이해할 수 있는 공부를 시작해보시길
추천합니다!

기초 솔루션

Q1

분갈이할 때 화분 크기와 흙 배합은 어떻게 해야 하나요?

A 식물에 따라 화분 크기나 흙 배합은 큰 차이가 있지만 일반적으로 많이 키우는 관엽식물은 기존 화분보다 한두 치수 큰 화분(기존 화분 지름보다 2~3cm 큰 화분)으로 옮겨주는 것이 좋아요. 흙 배합도 키우는 사람에 따라 달라지는데, 물 주는 것을 좋아하는 사람은 산모래(마사토), 산야초 등을 섞어서 물 빠짐을 좋게 해야 합니다. 이는 과습에 약한 식물에도 공통적으로 적용됩니다.

Q2

분갈이를 해주는 시기와 주기가 있나요?

A 분갈이는 뿌리가 많이 자랐을 때(화분 물구멍으로 뿌리가 보일 때) 해주는 것이 가장 좋습니다. 우리가 사용하는 원예용 상토는 흙 속 영양분이 유지되는 기간이 3~6개월 정도밖에 되지 않기 때문에 뿌리가 다 자랐다면 바로 분갈이해주는 것이 좋아요. 하지만 여러 식물을 돌보다 보면 현실적으로 바로 분갈이하기 힘들어요. 당장 분갈이해주지 못할 때는 비료를 줘서 양분을 보충해 줍니다. 초보자는 너무 더운 여름이나 겨울에는 분갈이를 피하는 것이 좋아요.

Q3

과습에 주의해야 하는 식물, 보습이 좋아야 하는 식물을 키울 때 각각 요령이 있을까요?

A 과습에 약한 식물은 주로 토분을 사용합니다. 화분을 통해서도 수분이 스며 나와 증발하니까요. 또한 산야초와 같이 배수에 좋은 식재를 상토에 추가하는 것도 좋은 방법입니다(원예용 상토 : 산야초=7 : 3).
반대로 보습이 중요한 식물을 토분에 심으면 매일 물시중을 들어야 할 수도 있습니다. 이런 경우 수분이 증발하는 것은 막고 통풍이 잘되도록 기능성 슬릿 화분을 사용하는 것이 좋아요.

Q4

겨울철 건조한 실내에서 습도는 어떻게 유지하나요?

A 저는 겨울철 실내 습도를 높이기 위해 따로 하는 것은 없습니다. 집 안에 식물이 많아서 습도 자체가 다른 집보다 조금 높기도 하니까요. 하지만 식물이 많지 않은 경우 가습기를 틀어주는 식물집사들도 종종 있답니다. 저는 실내온도를 높지 않게 (낮 온도 26도 정도) 유지해서 너무 건조해지는 것을 방지합니다.

Q6

겉흙이 마르면 물을 주라는 게 어떤 의미인가요?

A '겉흙이 마른다'는 것은 화분 표면의 흙이 말랐다는 의미입니다. 이는 일반적으로 자연에 있는 흙과 원예용 상토 둘 다 해당되는 말인데요. 원예용 상토는 물을 머금은 경우 어두운 갈색이지만, 겉흙이 마르면 밝은 갈색으로 변하며 손으로 만졌을 때 수분감이 없습니다. 이렇게 색감과 촉감으로 알 수 있어요.

Q5

창문을 열어놓지 못할 때는 어떻게 환기해야 할까요?

A 서큘레이터를 추천합니다. 실내 통풍을 위해 서큘레이터는 사실 24시간 틀어놓을 수 있으면 가장 좋아요. 하지만 과열 위험이 있으니 저는 하루 8시간 정도 틀어놓는 편입니다. 서큘레이터는 일반 선풍기보다 바람을 더 멀리까지 보낼 수 있어서 공기 순환에 좋아요. 갇힌 공기는 식물에게 좋지 않으니 서큘레이터 사용이 힘들다면 한겨울이라도 해가 떠 있는 오후에 잠시 창을 열어 환기해야 합니다.

Q7

물에 화분을 담가놓는 저면관수가 필요할 때와 요령은?

A 화분 속 상토가 바짝 마른 경우 위에서 물을 주면 흙이 물을 흡수하지 못하고 그대로 밑으로 다 빠져나가갑니다. 물을 너무 안 주거나 상토 자체가 오래되었을 때 저면관수를 해주면 좋습니다. 물이 담긴 큰 대야에 화분을 담가 흙이 스스로 필요한 만큼 물을 빨아들이도록 하는 거예요. 너무 오래 두는 것보다 하룻저녁 저면관수 해주면 좋습니다.

집을 오래 비울 때 식물을 위해
어떤 준비를 하면 좋을까요?

A 저는 집을 오래 비울 때 미리 준비하는 것이 있어요. 바로 떠나기 전날 모든 화분을 물이 필요한 상태로 만드는 거예요. 떠나기 1~2주 전부터 물주기 패턴을 조절해서 모든 화분을 여행 전날 물을 줘야 하는 상태로 만들고 그날 모든 화분에 흠뻑 물을 줍니다. 그럼 일주일 정도는 거뜬해요. 물론 아주 작은 화분은 여행에서 돌아왔을 때 바짝 말라 있기도 하지만 다시 물을 흠뻑 주면 잘 살아납니다.

식물에게 비를 맞히는 게
좋은가요?

A 빗물에는 식물에게 필요한 각종 미네랄이 포함되어 있으며 약간의 산성을 띠고 있습니다. 대부분의 식물들이 약산성 환경에서 잘 자라거든요. 게다가 빗물에는 산소가 녹아들어 있어서 식물의 뿌리에도 매우 좋아요. 비는 식물에게 좋은 영양제라고 할 수 있어요. 화분을 밖에 두고 비를 맞히는 것이 가장 좋지만, 빗물을 받아서 줘도 됩니다. 하지만 너무 오래된 빗물은 산소 포화도가 낮아서 신선한 빗물보다 효과가 떨어집니다.

해가 드는 거실 창문 앞은
반양지인가요?

A 사람들마다 해석이 약간 다를 수 있어요. 실내와 노지의 반양지 기준이 다르기 때문입니다. 저는 실내식물은 반양지, 반음지를 크게 따지지 않습니다. 창문을 투과해 들어오는 빛 자체는 직사광선보다 약하기 때문에 대부분 실내식물은 베란다 창가에서 키우는 것이 가장 좋다고 생각합니다.

식물 성장등은
꼭 필요한가요?

A 꼭 필요한 것은 아니에요. 각자의 환경에 맞는 식물을 키우는 것이 가장 좋다고 생각합니다. 빛이 부족한 곳에서 빛이 많이 필요한 식물을 키우기 위해 식물등을 설치하는데, 도움은 되지만 햇빛만 하지는 않아요. 어디까지나 빛 보충용으로 생각해야 합니다.

Q12

벌레가 생겼을 때 살충제는 어떤 것을 써야 할까요?

A 초보 식물집사라면 약국에서 파는 친환경 살충제를 추천합니다. 분무기 형태의 살충제인데, 대부분 해충에 어느 정도 효과가 있어요. 상태가 심하면 농약을 사용해야 할 수도 있습니다.

Q13

농약은 어떤 걸 골라야 할지 모르겠어요.

A 농약은 온라인 판매가 금지되어 있어요. 농약사나 종묘사에 직접 가서 상담하고 추천받아야 합니다. 몇몇 해충(응애)은 약에 내성이 있으니 기존에 쓰던 농약을 가지고 가서 상담받으세요. 식물에 생긴 해충의 사진을 찍어서 가면 더 적절한 약을 받아올 수 있답니다.

Q14

식물 영양제를 과하지 않게 주는 요령이 있을까요?

A 가장 쉬운 방법은 설명서에 적혀 있는 대로 하는 거예요. 모든 영양제에 명시되어 있는 성분 표시와 사용 용량을 그대로 지키는 것이 가장 안전합니다.

Q15

식물이 냉해를 입었는지는 어떻게 알 수 있나요?

A 식물이 냉해를 입는다고 해서 바로 증상이 나타나지 않아요. 물론 잎이 얇은 식물은 바로 잎이 무르거나 색이 변하지만, 잎이 두꺼운 식물은 시간이 지나서야 증상이 나타납니다. 겨울철 냉해를 입은 것으로 확인된다면 갑자기 따뜻한 곳으로 옮기기보다 서서히 온도를 높여주어야 조직이 상하는 피해를 최소화할 수 있어요.

Q16

과습으로 뿌리가 상한 것은 어떻게 알 수 있나요?

A 과습이 오면 잎부터 증상이 나타납니다. 잎이 노랗게 변하며 하엽이 지기 시작한다면 뿌리가 상한 거예요. 물론 그런 증상에는 여러 가지 원인이 있지만 초보 식물집사들은 과습으로 인한 경우가 많습니다. 겉흙이 말랐는지 확인하고 물을 주면서 지켜보거나 너무 심한 경우 다시 분갈이를 해주는 것이 좋아요.

Q17
시든 잎이나 줄기는 잘라주어야 하나요?

A 식물을 키우다 보면 잎이 시들거나 줄기가 마르는 경우가 있습니다. 병충해로 인해 잎이나 줄기 혹은 가지가 말리기도 하고, 수명을 다해 마르기도 합니다. 병충해로 인한 경우라면 소독한 가위로 더 이상 진행되지 않도록 잘라주어야 하지만, 자연적인 노화로 잎이 상한 경우라면 저절로 떨어질 때까지 기다리는 것이 좋습니다. 소독한 가위로 잘라줘도 되지만 매번 가위를 깨끗이 소독하기가 번거로울 수 있으니까요. 소독하지 않은 가위로 무심코 그냥 잘랐다가 상처 부위가 감염되어 오히려 더 큰 피해를 입는 경우도 있습니다.

Q18
식물을 수경재배로 키울 때 물 관리 팁이 있을까요?

A 수경재배에도 여러 종류가 있어요. 양분을 넣어주는 양액재배도 있고 그냥 물로만 키우는 경우도 있습니다. 물로만 키울 경우 언젠가는 양분 부족으로 제대로 성장하지 않을 수 있어요. 이때는 양액을 채워주거나 흙에 심어주는 것이 좋아요.

Q19
상토의 영양 성분이 빠져나간 것을 어떻게 알 수 있나요?

A 상토의 영양 성분은 유효기간이 3~6개월입니다. 하지만 평균적인 것일 뿐 식물의 성장세에 따라 다릅니다.
이것을 확인할 수 있는 방법은 여러 가지 있습니다. 분갈이 시기와 같다고 할 수 있어요. 잘 자라던 식물이 어느 순간 성장이 멈춘 경우, 화분 밑으로 뿌리가 자라 나온 경우, 물을 흠뻑 주는데도 하루 이틀 만에 빨리 말라버리는 경우 상토의 영양 성분이 사라졌거나 제 기능을 다한 것입니다. 이때는 큰 화분으로 옮기거나 흙을 새로 갈아주면 더 건강하게 자랄 거예요.

Q20
화분 흙 재활용해도 되나요?

A 흙은 조건이 맞는다면 재사용해도 괜찮습니다. 분갈이 시 털어낸 흙은 이미 대부분의 양분이 소실된 상태예요. 따라서 삽목하거나 씨앗을 파종할 때 사용하면 오히려 좋을 수 있습니다. 다만 재사용할 때는 죽은 뿌리나 식물 부산물을 골라내고 뜨거운 물을 부어 혹시나 있을 수 있는 해충과 병균을 소독한 뒤 사용해야 합니다.

식물별 맞춤 솔루션

✳ 고무나무
Q. 잎이 돌돌 말려요.

A 저도 몇 년 전에는 이 증상이 수분 부족 때문이라고 생각했어요. 수분 부족으로 잎이 말리기도 하지만 대부분 빛이 부족해서라고 합니다. 특히 벵갈고무나무에 잘 나타나는 현상이에요. 수분 부족 때문인지, 빛 부족 때문인지 잘 살펴보세요.

✳ 몬스테라
Q. 잎 끝이 타들어 가는 듯이 갈색으로 변했어요.

A 과습으로 잎 끝이 상하는 경우도 있지만, 몬스테라 자체가 일액현상(잎을 통해 물을 배출하는 것)이 잘 나타나기 때문에 통기가 원활하지 않으면 잎에 맺힌 물방울이 마르지 않아서 잎이 상할 수 있습니다.

✳ 알로카시아
Q. 오래된 잎은 떼어줘야 하나요?

A 알로카시아의 잎이 오래되었다고 해서 제거할 필요는 없습니다. 잎이 노랗게 변해 축 처지면 잘라주지만 건강한 상태라면 그대로 두는 것이 좋아요. 일반적으로 유묘는 잎 3장만 남기고 키우라고 하는데, 대품이 된 경우라면 상한 잎만 잘라주면 됩니다.

✳ 테이블야자
Q. 더 이상 자라지 않는 것 같아요.

A 비단 테이블 야자뿐 아니라 대부분의 식물은 화분이 작거나 영양분이 부족하면 성장을 극도로 제한합니다. 테이블 야자도 처음에는 굉장히 작지만 잘 키우면 사람 키만큼 자라기도 한답니다. 조금 큰 화분으로 분갈이를 해주고 양분을 적절하게 보충해주면 다시 자랄 거예요.

✳ 로즈마리
Q. 잎과 줄기가 까맣게 변해가요.

A 로즈마리는 은근히 까탈스러운 식물입니다. 빛이 부족하면 웃자라기 쉽고, 물을 너무 안 줘도, 흙이 너무 축축해도 안 되지요. 로즈마리는 물 빠짐이 좋은 흙에 심어 노지 땡볕에서 키우는 것이 최고입니다. 빛 좋은 베란다 창가에서도 건강하게 키우기가 생각보다 힘들어요. 화분걸이대를 설치해서 키우거나 봄부터 가을까지 옥외에서 키우는 것을 추천합니다.

✳ 몬스테라 아단소니
Q. 잎이 노랗게 변했어요.

A 겨울철이 아니라면 냉해는 아니고, 과습으로 인한 뿌리 손상일 확률이 가장 큽니다. 물론 아래 잎부터 하나씩 노랗게 변하면서 떨어지는 것은 자연스러운 노화 현상일 수 있습니다. 새순의 색이 변하고 무른다면 뿌리의 상태를 확인해보세요.

✳ 틸란드시아 이오난사
Q. 공중에 키우는 틸란드시아 이오난사가 크지 않는 것 같은데, 죽은 걸까요?

A 저도 틸란드시아를 5년째 키우고 있는데, 5년 전과 지금 모습이 거의 똑같아요. 아주 가끔 물만 챙겨준다면 자라는 줄 모르게 자란답니다. 자세히 살펴보면 오래된 잎은 떨어지고 새잎이 나와서 교체되는 것을 알 수 있어요. 물론 환경이 좋아서 새로 나오는 잎이 많아지면 크기가 커지기도 한답니다.

✳ 스킨답서스
Q. 스킨답서스 같은 덩굴식물을 잘 키우는 요령이 있나요?

A 잘 키우는 방법이 따로 있지는 않은 것 같아요. 양분과 물 주는 시기를 잘 맞춰주고 빛이 좋은 곳에 두면 잘 큽니다. 다만 스킨답서스는 분갈이를 제 때 못 해줄 때가 많기 때문에 비료 관리를 소홀히 하면 안 됩니다.

해피트리

Q. 웃자라기만 하고 줄기가 더 이상 굵어지지 않아요.

A 해피트리는 실내에서도 잘 자라는 식물이지만 너무 빛이 부족하면 잎이 길어져서 웃자랍니다. 최대한 밝은 곳에서 키우면 짱짱하게 자랄 거예요. 해피트리나 고무나무 등 이미 목대가 두꺼운 식물은 원산지에서 목대째로 수입된 것입니다. 우리나라 기후에서는 굵게 키우는 것이 거의 불가능하고 빨리 굵어지지 않는 것이 정상이라고 해요.

장미허브

Q. 외목대로 키우고 싶어요.

A 장미허브 외목대는 처음부터 작정하고 키워야 해요. 생장점이 상하지 않은 삽수를 물꽂이나 삽목을 통해 번식한 후 생장점이 상하지 않게 조심하면서 키를 키웁니다. 원하는 높이까지 키워서 맨 윗부분을 잘라주면 아래 잎이 있던 마디에서 새 가지들이 나와 풍성하게 자랄 거예요.

보스톤고사리

Q. 더 크고 풍성하게 키우고 싶어요.

A 보스톤고사리는 촉촉한 흙을 좋아하면서도 과습을 조심해야 합니다. 또 비료를 엄청 좋아하는 식물이기도 해요. 저는 토분에 심어 키우는데, 원예용 상토에 바크를 30% 추가하고 알비료도 적당량 배합하니 굉장히 잘 자랍니다. 또 바크를 넣어주면 촉촉함은 유지하면서 물 빠짐이 좋아요.

호접란

Q. 꽃이 지면 다시는 피우지 않나요?

A 많은 분들이 호접란은 한번 꽃이 피면 다시는 꽃을 피우지 않는다고 생각합니다. 하지만 잘 키우면 집에서도 매년 예쁜 꽃을 피워요. 호접란 꽃대는 낮과 밤의 일교차 7도, 밤 온도 18도, 낮 온도 25도 정도에서 4주간 노출될 때 생겨납니다. 이 조건은 해가 잘 드는 가정집 베란다 10월의 상태예요. 꽃샘추위가 지나간 4월부터 10월 말까지 베란다에서 키우면 자연스럽게 꽃대가 올라옵니다. 겨울에 베란다가 많이 춥다면 12월에서 3월 말까지는 실내에서 키워도 좋아요.

✳ Special thanks to ✳

1년여의 시간 동안 책을 집필하면서 큰 행복감과 부담감을 함께 느꼈습니다. 식물에 대한 보다 깊이 있는 내용을 다루다 보니 더 그랬던 것 같아요. 오롯이 홀로 고뇌하고 고민하는 시간이 많았습니다. 그래서 이 책은 '완벽한 나만의 것'이라는 생각을 잠시 했었는데, 책이 완성되어 가는 과정에서 그 생각이 오만이었다는 것을 깨달았습니다. 많은 분들의 도움과 손길이 없었다면 지금의 저도, 《식물을 배우는 시간》도 만들어지지 못했을 겁니다.

식물을 좋아하는 저를 위해 물심양면으로 지원해주시고 응원해주시는 어머니, 아버지, 그리고 동생, 스트레스를 받을 때마다 힘내라고 응원해준 많은 친구들, 원고를 쓰면서 주제와 방향성에 대해 갈피를 잡지 못하고 갈팡질팡할 때마다 가야 할 길을 제시해주신 백혜성 편집자님, 부족한 제 원고를 믿지지 않을 정도로 깔끔하게 다듬어주신 추지영 교정자님, 글과 사진이 더 멋지게 보일 수 있도록 고민해주신 강상희 디자이너님, 멋진 식물 사진을 찍을 수 있도록 힘써 주신 장봉영 실장님과 정재은 실장님, 그리고 식물을 더 멋지고 건강하게 키울 수 있는 온실을 만들고 함께 돌봐주신 돼지아빠 한경수님께 깊은 감사의 인사를 드립니다. 그리고 이 책이 세상에 나오는 데 있어서 일등 공신인 저의 유튜브 구독자들과 블로그 이웃들께도 감사하는 마음을 전합니다.

| 사진 제공 |

p.185 한택식물원
p.186 아산 세계꽃식물원
p.191 여미지식물원